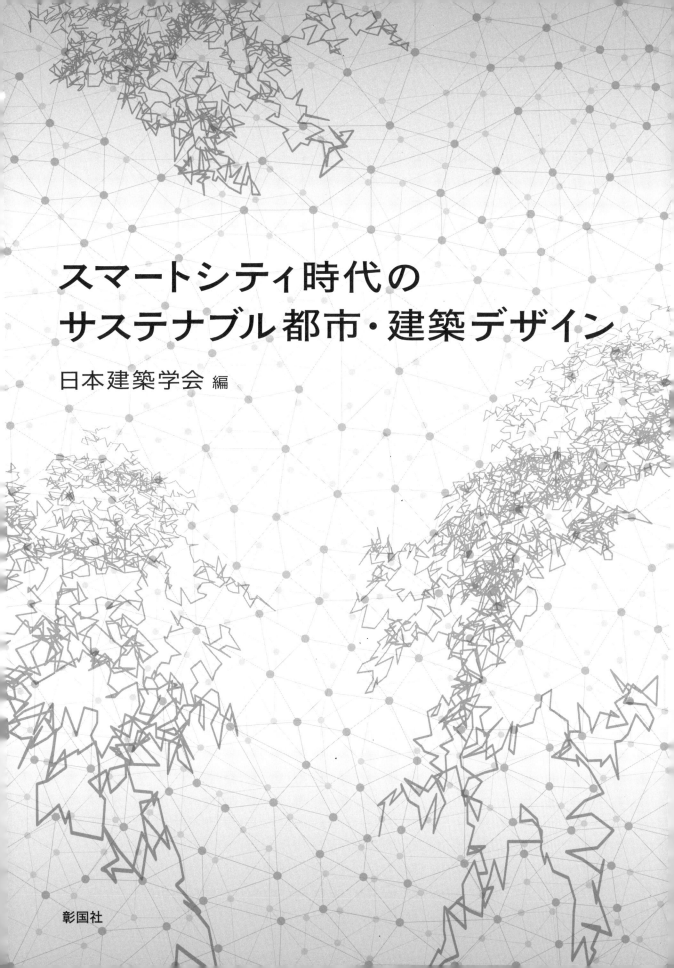

スマートシティ時代の
サステナブル都市・建築デザイン

日本建築学会 編

彰国社

本書作成関係委員 (2014年9月現在)
―― (五十音順・敬称略) ――

地球環境委員会

　委員長　　外岡 豊

　幹　事　　北原 博幸　　中島 裕輔　　横尾 昇剛

　委　員　　（省略）

サステナブル都市・建築デザイン小委員会

　主　査　　大野 二郎

　幹　事　　太田 浩史　　金子 尚志　　小泉 雅生

　委　員　　今村 創平　　岩橋 祐之　　川島 範久　　北川 佳子　　小玉 祐一郎　　鈴木 悠子
　　　　　　高井 啓明　　前 真之　　村田 涼　　安田 幸一　　安原 幹

協力委員　下田 吉之　　福田 展淳

執筆担当

　まえがきに代えて　　小玉祐一郎

　序　章　　大野二郎

　第1章　　1-1、1-2：今村創平　　1-3：大野二郎

　第2章　　2-1、2-2、2-3：田島泰　　2-4：山田雅夫
　　　　　　2-5：座談 小澤一郎×長谷川隆三×石川道雄×須永大介×田島泰

　第3章　　3-1：太田浩史　　3-2：高井啓明　　3-2-1：佐土原聡　　3-2-2：岩村和夫　　3-2-3：浅見泰司
　　　　　　3-2-4：垣田淳・宮﨑貴士　　3-2-5 梅野圭介他　　3-3：高井啓明　　3-3-1：前真之
　　　　　　3-3-2：世利公一　　3-3-3：信時正人　　3-3-4：松岡俊和

　第4章　　4-1：川島範久　　4-2-1：永田明寛　　4-2-2：大岡龍三　　4-2-3：中村芳樹　　4-2-4：梅干野晁
　　　　　　4-2-5：中村文彦　　4-2-6：大澤仁

　第5章　　安原幹

　付　章　　座談　大野二郎×今村創平×田島泰×高井啓明×川島範久×安原幹×金子尚志

　あとがきに代えて　　安田幸一

目　次

スマートシティが目指すもの——まえがきに代えて……5

序　章　スマートシティ時代のサステナブル都市・建築デザインへ……9

第1章　サステナブル建築デザインからスマートシティへ……15
　1-1　環境からみた建築と建築論の歴史……16
　1-2　環境問題と都市の関係の歴史……26
　1-3　温暖化対策に関する国内外の動き……32

第2章　サステナブルな都市づくりにむけて……39
　2-1　スマートシティの今日的課題……40
　2-2　スマートシティの国内での展開……46
　2-3　スマートシティのデザイン……50
　2-4　情報革命とスマートシティ……54
　2-5　座談：スマートシティ時代の都市計画・制度……57

第3章　エネルギーとスマートシティ……63
　3-1　東日本大震災以降の地域とエネルギー……64
　3-2　エネルギーの有効利用から見たスマートシティ……68
　3-2-1　「環境」と「防災」を両立させるレジリエントな都市づくりへ……69
　3-2-2　都市形態（Urban Morphology）とサステナビリィティとの関係性……74
　3-2-3　　CASBEE-街区の概要紹介……78
　3-2-4　建物がつながることによる低炭素化等の効果……81
　3-2-5　欧州のスマートシティ調査から考える建築とスマートシティの関係……83
　3-3　エネルギーの有効利用から見た具体的効果の事例……87
　3-3-1　デマンドレスポンスとダイナミック・プライシング……88
　3-3-2　地区防災拠点の事例……93
　3-3-3　横浜市のスマートシティ実証事業の現状……97
　3-3-4　北九州スマートコミュニティ創造事業……102

第4章　サステナブル建築デザインの技法……107
 4-1　コンピュテーション──サステナブル建築とスマートシティをつなぐもの……108
  4-2-1　熱環境解析……126
  4-2-2　気流解析・換気回路網計算……133
  4-2-3　光環境の計画技術の系譜……137
  4-2-4　ヒートアイランド解析と対策技術……141
  4-2-5　交通解析……146
  4-2-6　都市のエネルギーの有効利用計画とデザイン……151

第5章　スマートシティ時代の建築の快適性を探る……159
 5-1　スマートシティ時代の新しい建築の実例……160
 5-2　空間とアクティビティのモード変化……162
 5-3　内外が溶け合い、都市と連続する自由な働き方……168
 5-4　環境のムラと開放性を併せ持つ一体空間……172
 5-5　外部環境を変換し現象させる箱……176

付　章　都市と建築をつくる職能の再構築……181
　　　　座談：都市と建築をつくる職能の再構築……182

個人が発信する都市コンセンサスへの期待感──あとがきに代えて……190

デザイン・宇那木孝俊（宇那木デザイン室）

スマートシティが目指すもの
―― まえがきに代えて

建築家・神戸芸術工科大学教授　小玉 祐一郎

　暑い夏を迎える頃の季節には、節電が焦眉の課題として新聞をにぎわせる。原発の稼働が停止して以来、夏の電力消費のピークをなんとかやりくりするため、どのように消費を抑制するか、また、どのように供給を融通し合うか、産官学各界あげての取組みが要請されている。スマートシティ構想はその有力な切り札の一つとされる。

　地球温暖化は、予想を超えて早く進行しつつある。先進国は現在の炭酸ガス排出量を2050年までには80％ほど削減しなければならないということが、世界の暗黙の共通認識になりつつある。原子力の活用で徐々にその目標を達成しようとしてきた日本は、3.11以後、根本的な見直しを求められている。そもそも日本のような地震国で原子力発電をするのは、所詮無理な話ではないのか。早いうちに脱原発を宣言して、再生エネルギー資源に移行する戦略を立てるべきではないのか…と筆者は思うのだが、その是非はともかくとして、そのように思う理由はもう一つある。これをきっかけにして、これほどまでにエネルギー依存を強めてきた現代の都市や建築に代わる、新しい近未来のビジョンを考えてみたいと思うのだ。

　20世紀はエネルギーの世紀と呼ばれるにふさわしかった。人類の歴史の上で、初めて大量のエネルギー供給が可能になった時代であり、世界のエネルギー消費が急激に増えた時代である。20世紀後半のその増え方は、ほぼ20年ごとに倍増する勢いであった。私たちの日常生活にも大きな影響を与えてきた。灯油やガスが急速に家庭にいきわたって暖房や給湯が普及し、家庭の契約電力量は倍増し続けて、あっという間に住宅は便利な家電製品で埋まってしまった。都市や建築も大きく変わった。エネルギーを用いて問題をブレークスルーするという思考法が一般化し、その技術は著しく進歩した。暖冷房・照明・エレベータなどの新しい技術は建築を大きく変え、建築を束縛してきた地域や気候風土のしがらみから解放したように見える。これは建築の歴史の上でも画期的なことであった。その典型的な例が超高層建築であろう。エネルギーの絶え間ない供給を得ることで、人間の居住空間を著しく拡大してきた。都市もまた、エネルギーの恩恵に浴してきた。ヨー

ロッパの国際会議などに出てみると、都市や地域のエネルギー計画の歴史があり、研究も盛んに行われてきたことがわかる。一方、振り返って日本を見ると、意外にもこのような分野が少ない。日本の都市計画は最近まで、無制限のエネルギー供給を前提にして社会のニーズに応えてきたようにも見える。

　しかし、私たちはそのような多大な恩恵を享受する一方で、エネルギーがなければ何もできないエネルギー依存症、エネルギー中毒になってしまったようでもある。

　深刻化する地球環境問題は、たとえ人類が無尽蔵の化石エネルギー源を発見したとしても、もはやこれ以上使うことができないことを示した。差し当たって思いつくことは、エネルギーの節約（省エネルギー）と再生可能エネルギーの開発（創エネルギー）である。原発を創エネの一つとして設定すれば問題は氷解するようにも思えたが、上述したように、これには疑問符がついている。再生エネルギーにもまだまだ多くを期待できない。とすれば、省エネこそが喫緊の課題である。では都市や建築の分野では、どのような省エネの方法がとられるべきなのか。
　一つの有力な方法は、エネルギー機器・システムの「高効率化」である。住宅でいえば、暖房や給湯や照明の機器やシステムだ。それらの技術の進歩には目を瞠る。また情報技術を駆使して、居住者が常に運転状況を把握し、エネルギーの消費を最適に制御するマネージメントシステムも急速に普及している。いわゆる「見える化」である。システムの洗練、効率化は日本の技術のお家芸だが、さらに、効率化を住宅や建築の単体でバラバラに考えるだけでなくより広域的に行えば、エネルギーの消費、供給のさまざまなレベルで生じている無駄を省くことができる。近年、広域レベルで日本の技術の高さが顕著に示されるのは、エネルギー消費密度の極めて高い都心地域での地域冷暖房計画であるが、これもまた、「高効率化」に特化したわが国の技術開発の成果の良い例である。さらに広い地域や都市のスケールで総合的に、一体的に効率化の向上を考える——これがスマートシティの発想であろう。

　効率化と異なる、省エネのもう一つの考え方は、20世紀に私たちに取りついたエネルギー中毒を克服し、根本からエネルギー依存を減らすことだ。さまざまな社会的制約や気候的制約から人類を解放し、どこにでも住める自由をもたらしたエネルギーの恩恵は疑いもない。しかし一方で、それゆえの制約や不自由もあると感じ始めてもいる。いくつかの例をあげてみよう。

私たちは、暖冷房や照明といった、人工的に環境をつくる室内気候制御技術への依存を強めるほどに、建物の内外の遮断を強めてきた。外の自然環境の変化を外乱ととらえ、その影響を最小限にする努力をしてきた結果、人間と自然の関係がいささかいびつになってきたようだ。とりわけ日本のような比較的温暖で四季の変化に富む地域では、太陽や風をある時は取り入れ、ある時は遮断するといった融通無碍な建物のつくりを特徴とし、自然の変化を楽しむのが伝統的な住宅のつくり方・住み方の作法だった。これは不均質で変化のある快適さを理想とするが、均質で安定的な室内気候の形成を目標とする近代以降の人工環境制御技術とは相反する面を持つ。均質さ・安定さの追求が利便性を第一とするあまり、しばしば室内環境の退屈さ・平板さの原因となり、地域性や身体性を無視しがちであること——これは、人工環境技術の一面としてつとに指摘されてきたところだ。さらにまた、内外の隔離は、外部環境への居住者の無関心を招き、人々の社会への無関心をも招いてきたように見えるところもある。短絡的に過ぎるとの非難を恐れずにいえば、物理的な遮断が個と共の関係を弱め、社会的分断を助長してきたといえるのではないか。個人主義の台頭とコミュニティの衰退とが、人工環境技術の普及と軌を一にしているのは単なる歴史の偶然とは思われない。

　困ったことに、エネルギーへの依存を深め、人工環境技術の効率化を進めるほどに、内外の遮断が強化される。その関係には、室内の環境を良くするほど外部の環境を汚染するというジレンマもつきまとう。効率の追求の結果、暖冷房の効率を上げるために、快適な季節にも窓も開けられないというのでは、どこか本末転倒のような気がするではないか。

　エネルギーの世紀のあとの21世紀は環境の世紀と呼ばれることがある。エネルギーへの依存を深めた末の地球環境の危機であることを考えれば、エネルギーシステムの効率化を考えるのは必須である。一方、エネルギー中毒に陥った人類のライフスタイルがその根本にあると考えれば、20世紀的思考とライフスタイルの変換——言い換えて、20世紀的パラダイムのシフト——が必要だとの思いに至る。しかし、パラダイムの変換はしばしば、「効率化」の発想と矛盾する。そもそも効率化とは、無駄をなくすことによって現状のパラダイムの隘路を打開しようとするものであり、その目的はパラダイムの維持・延命を図ることだといえるからだ。

　スマートシティが、新しい環境の世紀のまちづくり・都市づくりを意図するものであるならば、以上に述べたような効率化がもたらすパラドックスを解消することも、その射程に入れておかね

ばならない。エネルギーシステムの効率化を図るとともに、エネルギーへの依存を減らすライフスタイルを構築していかなければならない。室内環境を快適にすることと外部の自然環境を保全することの両立を考える必要がある。

われわれは明日どこに住むか。私たちのライフスタイルが問われている。近未来の都市や建築のビジョンが求められている。スマートシティはこのような時代の要請にどう応えるか。本書の意図はそこにこそある。

M.フレデリックの『101 Things I Learned in Architecture School（建築学校で学んだ101のこと）』の21番目には次のような文がある。

「建築家はすべてのことについていくばくかを知っている。技術家は一つのことについてすべてを知っている」

建築家と技術家の協同が重要だ。この本が改めてそのきっかけになることにも期待したい。

序 章

スマートシティ時代の
サステナブル都市・建築デザインへ

サステナブル都市・建築デザインをめぐるこれまでの知見

日本設計　大野 二郎

1　サステナブル都市・建築デザイン

　建築は古来、風雨や外敵から人間を守り、快適な環境をつくるシェルターとしての機能を果たしてきた。とりわけ産業革命以降の近代建築では、地球資源である鉄、コンクリート、ガラスを用いて、豊かで快適な都市や建築を築いてきた。近代文明は化石エネルギーを大量に消費することで成り立っており、人間の営みが地球温暖化の原因ともなり、人類を含めた地球生物に棲息の危機が迫っている。

　"サステナブルデザイン"すなわち"持続可能な開発（Sustainable Development）"は、国連環境会議（UNEP/1982年）でわが国が特別委員会設置を提案し、「環境と開発に関する世界委員会」報告書"Our Common Future"（1987年/通称ブルントラントレポート）として提出された。そこでは「子々孫々が彼らのニーズを満たす能力をいささかも減じることのないという大前提に立って、すべての人々の基本的ニーズに合致し、かつ人々がより良き生活を希求する機会を増やすこと」と定義されている。日本建築学会では、"サステナブル建築"は「地域レベルおよび地球レベルでの生態系の収容力を維持しうる範囲内で、建築のライフサイクルを通しての省エネルギー、省資源、リサイクル、有害物質排出抑制を図り、その地域の気候、伝統、文化および周辺環境と調和しつつ、将来にわたって、人間の生活の質を適度に維持あるいは向上させていくことができる建築物」と定義されている（2002年）。建築のサステナビリティには環境的、物理的側面だけでなく、経済的側面と社会的側面があり、それらが満たされて初めて持続可能な社会が実現する。

　IPCC（気候変動に関する政府間パネル）第四次報告（2007年）では、「業務その他部門」および「住宅家庭部門」は最も削減効果の高い部門と指摘されている。ZEH（ゼロ・エネルギー・ハウス）はすでに実現可能な技術が開発されており、導入普及の方策が望まれる。ZEB（ゼロ・エネルギー・ビル）は、海外では研究開発事例として実現され始めた。ZEB化には建築性能の向上（省エネ）とパッシブデザインを最優先とし、再生可能エネルギーの利用（創エネ）、とりわけ外装エンジニアリングの開発や、住まい方までも含めたサステナブル建築のデザイン手法が求められる。ZEB/ZEH化は周辺環境の利用、保全、改善が行われて初めて存在意義を保持するものである。

　図1はチューリッヒ近郊にある「ベンナウの集合住宅」（設計：Grab Architekten）である。スイス・ソーラー大賞およびノーマン・フォスター・ソーラー・アワードを受賞した建築で、周辺環境とも共存し、屋根および壁面は太陽エネルギー獲得の創エネ部位として建築デザイン化されている。

　図2もやはりスイス・ソーラー大賞を受賞した集合住宅で、今後目指すべきサステナブル建築デザインの一例である。

　現在の地球温暖化は閾値を超え、安定した気候に戻すことが不可能な、危険な状態に突き進んでいるともいわれている。2012年度の温室効

図1　ベンナウの集合住宅（Grab Architekten/スイス）

図2 サニー・ウッド
（Beat Keanphen/ スイス・チューリッヒ）

果ガス排出量（確定値/環境省）では、基準年（1990年）比で、産業部門（工場等）13.4%減、運輸部門（自動車等）4.1%増、業務その他部門（商業・サービス・業務等）65.8%増、住宅家庭部門59.7%増、エネルギー転換部門（発電所等）29.4%増となっている。われわれが直接関係する民生部門（業務、住宅）がCO_2排出を大幅に増加させていることに驚愕するとともに、われわれ建築関係者の役割の大きさを再認識させられる。地球温暖化に負荷をかけないサステナブル建築デザインは、今やどこでも誰でも、すべての建築で対応しなければならない設計目標、実現目標となった。

2 スマートシティ／スマートコミュニティ

21世紀に入り、世界の人口増加に伴う食糧、エネルギー、資源、インフラに対する需要増加が懸念されており、「スマートシティ」の概念が注目されている。エネルギーと情報通信技術（ICT）活用による「スマートグリッド」に由来、発展してきた概念で、交通、治安、教育、行政など日常生活のICT活用による利便性の向上が享受可能な社会となってきており、21世紀の街づくりモデルに適応させる動きが世界的に見られるようになった。スマートシティとは、「人的資源、社会資本、従来的インフラに加え、ICTインフラの投資をもって持続可能な開発と市民生活の向上を目指す」（アムステルダム自由大学/2009年）との概念が提起されている

が、国際的な定義の統一はまだない。わが国のスマートコミュニティ・アライアンスでは「電気の有効利用に加えて、熱や未利用エネルギーも含めたエネルギーの面的利用や地域の交通システム、市民のライフスタイルの変革などが複合的に組み合わされたエリア単位でのエネルギー・社会システムの概念」と定義されている。

地球温暖化防止とスマートシティ推進の社会状況の中で、2011年3月11日の東日本大震災および原子力発電所事故は、都市とエネルギーの問題を改めて認識させる重要な転機となった。21世紀初頭の現在、安全・安心な社会の構築と地域分散エネルギー供給および、業務、生産、生活、住まい方の総体的な社会変革が問われている。国内外ではICTを活用しながら、経済、交通、緑化、コミュニティ再生等、低炭素化を推進する街づくりが活発になっている。2030年、2050年を見据えた持続可能な都市はどうあるべきか考えてみたい。

オーストリアのリンツ郊外ピッヒリンクにあるリンツ・ソーラーシティ（図3）では、地域の自然ポテンシャルを活かし、自然エネルギー利用、路面電車、バイオマスエネルギー、ランドスケープ、ソーラー建築（Solar Architecture）を整備している。持続可能な生活の場として、2005年に建設された。READ（Renewable Energy in Architecture and Design /1993年）宣言を行ったトーマス・ヘルツォーク、ノーマン・フォスター、リチャード・ロジャースらが参加協力している。

図3 リンツ・ソーラーシティ（リンツ HP/ オーストリア）

環境の切り口から都市や建築を再構築する「スマートシティ」と「サステナブル建築デザイン」は、新たな街づくりと建築デザインの融合概念として実践すべき段階に到達している。一方、環境建築デザインに未来はあるのかとの問いも発せられている。環境要素技術のパッチワークのオンパレードで、建築が本来持つ文化的側面がなおざりにされてきた傾向も見られるとの指摘である。環境建築デザインはいまだ発展途上であるのか。であればこそ、環境要素技術の性能向上や建築デザインのチャレンジを通じて、地球温暖化というピンチを、スマートシティとサステナブル建築デザインでチャンスに変換したいと思う。「サステナブル建築デザイン」は、地域、気候、歴史、文化を包含した21世紀「環境の時代」を突き抜ける、"環境革命"と呼応した多様な建築デザイン手法と位置づけたい。サステナブル都市・建築デザイン小委員会では、閉塞した近代建築、現代建築を乗り越えて、環境建築性能を確保した上で、スマートシティ時代のサステナブル都市・建築デザインへと踏み出すため、研究および検討を継続してきた。現代社会では「個の独立」を目指しながら、一方で「相互共生」の重要性が増大している。サステナブル建築デザインも自立した建築を目指しながら、環境、都市、地域との共生なくしては成立しない。スマートシティの概念はエネルギーと情報通信技術（ICT）の全体最適性を超えて、自然、歴史、文化、都市、建築、コミュニティも包含した「地域ポテンシャル」との整合に向けた議論へと変容してきている。「サステナブル建築デザイン」と「スマートシティ」は相互依存関係をどのように融合、昇華していくべきなのか。本書の視点を参考に多様な展開を試みてほしい。ピンチはチャンスである。

3 小委員会活動の紹介と活動系譜

本書を取りまとめた「サステナブル都市・建築デザイン小委員会」（主査：大野二郎）は、日本建築学会地球環境委員会の下部組織として、前身の「ベストプラクティス小委員会」（主査：小玉祐一郎）および「SBデザイン小委員会」（主査：小玉祐一郎）、「サステナブル建築モデルデザイン小委員会」（主査：安田幸一）、「サステナブル建築検討デザイン小委員会」（主査：安田幸一）、「サステナブル建築デザイン小委員会」（主査：大野二郎）という、一連のサステナブル建築小委員会からの活動成果を継承するものとして設置された。これらの小委員会では、国内外の数多くの事例の収集および分析を活動の軸に、持続可能な社会のための都市・建築のあり方に関して、さまざまなかたちで議論や提言を行ってきた。これらの成果の一部は、刊行物やシンポジウムなどにより広く一般に公開してきた。

前回の「サステナブル建築デザイン小委員会」（主査：大野二郎/2011～2013年）では、サステナブル建築デザイン、エネルギーおよび建築と設備の融合、スマートシティ等について多方面からの研究と検討を加えてきた。「サステナブル建築デザイン分野」では、サステナブル建築設計手法（ソーラーアーキテクチャー、ビルディングフィジックス、素材と構法、UCバークレー、ベルラーヘ研究室等）、環境建築の歴史（フラーからフォスター、フーゴ・ヘーリング、形態は環境に従う、バイオミミクリー等）、サステナブル建築デザイン事例（ソーラーデカソロン、環境建築100事例集、環境省エコハウスモデル、要素技術を超えた建築空間）等を取り上げ、多様な議論を行った。「エネルギーおよび建築と設備の融合」では、エネルギー有効利用（ローエネルギーとハイエネルギー、ダイレクトゲイン等）、自然エネルギー利用（自然換気、昼光利用、パッシブ建築、ソーラーチムニー等）、人間活動（個人の自由、快適性と空間移動、環境と着衣、知的生産性、人間の感受性研究等）、建築素材（ファサードエンジニアリング、ダブルスキン、表面温度、蓄熱性能等）、建築と設備の融合（環境設備デザイナー、放射冷暖房等）など、多様な議論と検討

を行い、2012年度の日本建築学会大会（東海）では「スマートシティとサステナブル建築デザイン」と題したパネルディスカッションを開催した。スマートシティは、情報通信技術によりエネルギー利用の最適化を図ると期待される技術であるが、一方で生活の場である建築や街づくりへの視点が軽視されている傾向にあり、スマートシティの技術概念を超えて、地域ポテンシャルを活かした多様な展開が不十分であることが指摘された。2013年度には、日本建築学会環境セミナー「多様化するサステナブル建築の展開」を開催した。サステナブル都市・建築のブレークスルーとして最近の環境建築デザイン事例が紹介され、地球温暖化は地球生物の棲息の危機であるが、ピンチをチャンスに活かした多様なサステナブル建築デザインの展開が今後期待されるとされた。

〈参考文献〉
1)「スマートシティ」アムステルダム自由大学 http://ideas,repec,org/p/dgr/vuarem/2009-48.htm）
2)「特集 地球環境建築のベストプラクティス」『日本建築学会総合論文誌第1号』ベストプラクティス小委員会、2003年
3)「サステナブルアーキテクチャーの射程」『Glass & Architecture』2003年春号
4)「SBデザイン小委員会対談・連続レクチャー冊子」SBデザイン小委員会、2007年
5)「クライメイトキューブとマテリアルスタディ」サステナブル建築モデルデザイン小委員会、2010年
6)「米国におけるスマートシティを巡る最新の動向」和田恭、『ニューヨークだより』2011年2月、IPA独立行政法人
7)「サステナビリティとは」野城智也、『建材試験情報』2005年9月号

第1章

サステナブル建築デザインから
スマートシティへ

1-1
環境からみた建築と建築論の歴史

千葉工業大学准教授　**今村 創平**

序

　人間が生身のまま生きるには自然の環境はあまりに過酷であり、生命を守るために人は簡易なシェルターに住むことを覚えた。これが建築の起源である。本質的に、建築とは環境から身を守るためのシェルターであり、環境と建築の関係は普遍的な課題である。

　よって、環境に対して配慮のない建物など、原理的にありえない。そのため、環境制御と建物のデザインの関係を主題にするとした場合、古今東西のすべての建築が対象とされることになる。とはいえ、ここでは歴史のすべてに遡及することはせずに、産業革命以降現代までの建築と環境制御の関係を中心に記述する。その理由は、後に詳述するように、産業革命期にはエネルギー利用の革命が起きたこと、環境制御技術の発展は20世紀以降であること、それ以降自然エネルギーの工学的な利用が支配的になることからである。そしてわれわれの今日の社会に適合しているのは、近代建築以降の建物である。また、本稿では環境制御技術そのものの発展史ではなく、環境工学の知見と造形・意匠がうまく合わさった建築をとり上げることで、その変遷を概観する。

　設備の問題が建築史の表舞台にほとんど登場しないことは、レイナー・バンハムの『環境としての建築』（1969年、図1）の中で指摘されている通りである。建築史とは従来、様式史、すなわちデザインの変遷として語られるのが主流であり、建築史は文化としての建築を書いてきた。そのため、造形や意匠と直接かかわる構造については時として言及されたが、環境技術に関する記述はほとんどなかった。技術の変遷という視点から建築史を記述する試みもあるが、そこでも力学的構造や構法の話が主であり、環境制御や機械設備に関する記述は少ない。それは、近代になり機械設備が発達するまでは、環境制御は経験的なものであり、科学的なものではなかったためでもある。しかし、環境問題への関心が極めて高くなった今日においては、建築史を環境制御技術の変遷として読み直すことは急務であり、そうした知見を活用することが必要である。

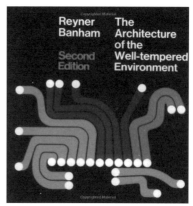

図1『環境としての建築』レイナー・バンハム[2]

　オランダの建築家レム・コールハースは、論考「ジャンク・スペース」[3] の中で、今日世界中で大量に生産されている空間は、ジャンク・スペース（ごみの空間）だといい、そのジャンク・スペースを生み出したものとして、空調機とエスカレータとプラスターボードをあげている。世界中の建物が皆、こうした設備や材料でつくられることによって「ごみのような空間」となってしまったというわけだ。このジャンク・スペースは、近代のユニバーサル・スペース（普遍的空間）の言換えでもある。均質空間を唱えたミース・ファン・デル・ローエの建築は時として崇高ですらあったが、ジャンク・スペースとは、世界中に蔓延する退屈な空間である。その原因として空調機とエスカレータとが

あげられているように、設備は建築文化を殺した犯人としてすっかり悪役にされた感がある。

レムの論調には幾分挑発的なところがあるが、技術の発展が世界を均質化したことは間違いない。建築の環境に対するシェルターとしての役割は、地域ごとの環境特性と強い関連を持ち、結果として世界各地に異なる形態の建物を生み出してきた。しかし、そうした気候等の差異を無視しうる設備機器の開発がなされたことで、世界中の建築は同質化し、凡庸化した。

だがこれからは、地域の環境特性を最大限に活用することが求められる時代であり、その結果として場所ごとに異なる形態の建築が導き出されるべきである。

1 モダニズム以前

冒頭で述べたように、建築の始まりは環境に対するシェルターであるので、原始的な小屋や伝統的な民家から環境制御の仕方を学ぶことができる。それらは、今日の目から見れば素朴であり、未発達にも思えるものの、環境から身を守ることを第一義としているために、環境に対する配慮が明快になされている。たとえば、日本の民家を特徴づける大きな茅葺きの屋根は、多くの雨と夏の強い日差しを遮り、一方で、屋根の下では湿度を避けるための通気が配慮されている。また、近場にある自然素材のみを用いてつくられているために、必要に応じて容易に改修を行うことができ、不要となれば朽ちて自然に返る。このように、民家は土地の環境属性に強く影響を受けているため地域性が強く、また自然の循環の一部となっていることは、今日のサステナビリティの観点からも重要である。

こうした実際の住処に対して、建築の起源を概念的に求める試みもなされてきた。建築理論家マルク＝アントワーヌ・ロージェの『建築試論』[4]（1755年）の扉絵には、柱、梁、小屋組みというシンプルな架構の小屋が描かれており、それは建物の初源の姿または本質とされている。その小屋を指差している女神は理性を象徴しており、その脇にいる子供はキューピッド、すなわち愛の象徴である。これは「原始の小屋」の寓意であるが、古代建築の廃墟の上に座る女神が、頭に火を抱くキューピッドに、小屋に入るように促しているようにも見える。つまり建物は、構造だけでは成立せず、そこに「火」、すなわち環境を整える要素がなくてはならないと説いている。

原始の小屋は、当初は雨露をしのぐだけの覆いであったのが、そこに「炉」が設けられることで、暖を取り、調理をすることができるようになる。それは、そこで家族が集うことを促し、ここに、小屋は単なる休息の場から生活の場へと変わったのである。

ドイツの建築家ゴットフリート・ゼンパーは、1850年に『建物芸術の4要素』を著している。ゼンパーは、建築に理論がないことを疑問に思い、生涯でいくつかの建築理論書を書いた[5]。それらが、その後の近代建築の理論を下支えしたことは論をまたない。ゼンパーは、亡命先のロンドンで1851年の万国博覧会とクリスタル・パレスを体験し、そこで展示されていたカリブ海の小屋を見て、彼の理論の確証を得る。その素朴なカリブ海の小屋は、人の住処に必要な本質的な要素からなる構成をよく示していたからである。

ゼンパーが著書でタイトルにもしていた建築の4要素とは、(1) 炉、(2) 基礎、(3) 枠組み／屋根、(4) 囲いの皮膜であり、ここで注目すべきは、要素の一つとして「炉」、すなわち環境の装置があげられていることである（建築に必要とされる主たる要素としては、ウィトルウィウスの「用・強・美」がよく知られる。マルクス・ウィトルウィウス・ポリオの『建築十書』[6]（紀元前30年頃、ローマ）は、現存する最古の建築理論書であるものの、そこにはゼンパーのいう「炉」に相当する要素は重要とされていなかった）。

2 技術の革命

18世紀末にイギリスで起きた産業革命は、近代とそれ以前とを分ける一つの区分とされているが、建築史の世界においても決定的な転換点であったことはよく知られている。それは、産業革命がギリシャやローマに由来する古典的モチーフを反復してきた西洋の様式史を停止させ、コンクリート、鉄、ガラスによる新しい意匠をまとった近代建築を出現させたからである。

この時の転換は、建築のデザインだけの問題ではなく、実は環境建築においても決定的であった。産業革命の最初の成果としてまずあげられるのが、ワットによる蒸気機関の発明である（1875年）。それまでは燃料をただ燃やしていたのが、この発明は燃料を熱エネルギーに変換して取り出すことに成功した。その後の多くの動力機械、ひいては設備機械の先駆けであり、今日に見られる機械的に室内環境を制御することは、19世紀以降に進められることとなる。

また、同じく産業革命期の成果としてあげられるのは、1851年の第一回万国博覧会のために建てられた「クリスタル・パレス」である。近代建築史の冒頭に必ず登場するこの建物は、工場で大量生産された鉄とガラスを用いて、短期間にローコストの大空間を生み出すことに成功した。それまでの内部が暗い石造りの建物に比して、ほとんど屋外のように明るい空間は、来場者に新しい時代の到来を実感させた。このクリスタル・パレスの設計者は、建築家ではなく、造園技師のジョゼフ・パクストンである。当時イギリスでは、現存するキュー・ガーデンの温室（「パーム・ハウス」設計：デジムス・バートン、1848年）をはじめ、多くの温室がつくられていたが、それらは異なる生態系にある植物の成育のためにつくられたものであり、まさに環境を人工的につくり出す装置であった。「クリスタル・パレス」がこうした温室の発展形であることからも、近代建築の始まりを告げた建物が環境建築であったことの意味は大きい。

図2 ミラノのガレリア

また19世紀には、パリにおけるパサージュやミラノのガレリア（設計：ジュゼッペ・メンゴーニ、1867年、図2）など、天井がガラスでつくられた天候に左右されない都市空間が生まれた。これら新しい空間の登場により、人々の都市での過ごし方も変化した。

最初に空調設備機器を開発したのは、アメリカのエンジニア、ウィリス・キャリアである。それまでにも、冷凍機やファン、ヒーターなどは開発されており、キャリアは、まずはそうした機器を扱う会社に就職した。1902年、彼は、ニューヨークの印刷会社の工場のために現在の空調機とほとんど同じ機構を持つ、送風ファン、冷却コイル、加熱コイル、蒸気スプレーからなる機器を開発した。これは、天候の変化により大量に発生していた、印刷物の不良品を削減することが目的であった。続いて、紡績工場での加湿冷却システムを開発したが、これら初期の空調機は、人間のための環境の提供ではなく、製品管理という要請からきていたことが特徴である。人の居る空間のための環境制御としては、1891年にニューヨークのカーネギー・ホールに冷暖房装置が設置され、1921年にはロサンゼルスの映画館に空調設備が設置された。また1924年には、デトロイトのハドソン百貨店に空調機が設置された。このように、空調機がいち早く採用されたのは、商業空間において人を呼び寄せるためであった。高層事務所建築に空調機が設置されたのは、1926年のカリフォルニ

ア州のパターソンビルが最初である。

　一方で、あかりの歴史はどうであったか。太古では、夜間のあかりといえば焚き木や囲炉裏であり、その後、ろうそくやオイルランプが使われるようになる。これらは、何かを燃やして明るさを得るという単純な方法である。続いて1792年にガス灯が発明され、各地で使用されるようになるが、なんといっても大きかったのは、1879年のエジソンによる白熱電球の発明であろう。それまでは小屋の中はいつも薄暗く、日中は外に出ていて夜眠るために小屋に入ったのだが、電気による照明によって室内環境は激変し、部屋の中での活動は日中の作業や食事など徐々に増え、ついに、室内での生活や仕事が24時間可能になった。それに伴い、室内で過ごす時間が増えたため、室内環境の整備がさらに求められるようになる。照明が室内での活動を可能としたことは、建物のプログラムを変えることを促した。新古典主義までの建築であれば、プログラムが異なっても同じ外観を持ちえたが、モダニズムの建築では、プログラムが変わると、それに合わせて外観もインテリアも、新しいものを創案する必要が生じた。ここにも、近代以前と以降とで大きな変化を認めることができる。

　その後、1934年に蛍光灯が発明され、日本では1950年頃から爆発的に普及するようになる。蛍光灯は室内を均質に照らすことに長けていた。1962年にLEDが生まれ、1993年には青色LEDが開発され、21世紀を迎えた頃からLED照明が一般に普及するようになる。この極めて経済的な照明は、今後支配的なものとなることが予測されている。

　近代になって、建物の外皮がガラスや薄い壁になることは、石造りの建物に比べ、熱還流率が激減したことを意味した。そして建物自身の熱容量も減ったため、外気の変化による影響をダイレクトに受けるようになる。薄くて軽い建物は、生の自然に近づいたことによって健康的となったのだが、シェルターとしての性能という点からすれば後退したともいえる。

　1880年代に登場した高層ビルは、第一に、建物が鉄骨造の乾式構法により軽量化されたことで可能となった。次に、エレベータの発明が高層化を助けた。階段のみの建物では階数に限界があったが、エレベータによって階数の制限はなくなった。それまでの建物は、低層階ほど道路に近くその利便性ゆえ価値があったのだが、ニューヨークのような高密度の都市では、上層階ほど採光や換気の点から価値が高くなり、そのことも建物の高層化に拍車をかけた。上層階では窓を開けられない高層ビルでは、換気や空調の装置が必須であり、給排水設備がなければ人が活動する空間としては成立しなかった。高層ビルは、機械設備への依存度が極めて高い建物なのである。

　モダニズムの建築はヨーロッパで始まったが、ヨーロッパでは冷房がほとんど必要とされず、暖房が主要な設備であった。そして、日本のように冬季の乾燥がひどくないため、暖房時の加湿はそれほど重要視されず、ただ暖めるだけで快適な室内環境を得ることができた。しかしアメリカでは、広大な国土のさまざまな環境条件に応える必要があり、空気調和の技術が求められた。もちろんそこには、技術大国であり経済力があるアメリカゆえに、技術的な開発を促進する土壌があった。

　20世紀後半には、アメリカをはじめとする先進国では、室内に空調機を設置することが一般的となった。しかし、エネルギーを消費して人工的な環境に居ることが普通のこと、もしくは当然のことと見なされるようになり、また時として過剰な使用――外に雪が降るような真冬でも室内ではTシャツで過ごすといった――も見られるようになった。こうした極端な例は、昨今のエネルギーへの意識の高まりからは減じているであろうが、必要最小限の使用でよしとするという姿勢は、まだ十分に広まっているとはいえない。

3 モダニズムと健康志向

モダニズムは、インターナショナル・スタイル（国際様式）とも読み替えられるように、デザイン上のスタイルの一つとして広まった側面がある。その建物のプログラムや建てられた場所の気候とは関係なく、白い壁面やガラスが多用されたシンプルな幾何学が、造形として認知されていた。そうしたことから往々にして、モダニズムは場所性やそれによりもたらされる地域の環境特性を無視している、との批判がある。具体的な人間の生を軽んじ、抽象的な認識が先立っているとされる。

一方で、若き日のル・コルビュジエの不遇がよく知られるように、モダニズムはすぐさま広まったわけではなく、保守的な社会からはなかなか受け入れられなかった。そうした中で、後の非人間的との批判とは裏腹に、初期においてモダニズムが採用されたのは、健康的であることを重視する施設においてであった。モダニズムの実用性が評価され、またイメージとしても純白は清潔なものであったからだろう。

フィンランドが生んだ建築家アルヴァ・アアルトが手がけた「パイミオのサナトリウム」（1933年）は、「ヴィープリの図書館」（1935年）と並び、この巨匠の初期の代表作である。この結核患者のための療養施設は、機能別に分棟となった白い箱型の建物群が、深い森の中に配されている。病室等は南面して1列に並び、長期滞在を強いられる患者に快適な空間を提供することが目指されている。病室の大きなガラス面からは十分に採光を得ることができると同時に、窓を開け放つことも可能である。一方で、換気のみを行う場合は、2枚のガラスの間を通った外気がベッドの反対側で給気され、患者には冷気が当たらないよう配慮されている。天井に埋め込まれている輻射暖房は患者の足元のほうに寄せられ、顔が火照らないよう配慮されている。このように「パイミオのサナトリウム」では、患者のために特別に配慮した環境設計がなされている。一方、同時期の「ヴィープリの図書館」は、病院ほどの配慮は不要であるものの、図書館というプログラムから、快適な読書空間を実現するために、円形のトップライトを天井に均等に配している。付属の講堂の天井面は波打っており、講演者の声が後ろまでよく聞こえるように、音響的に考えられている。

これらからわかるように、アアルトはその経歴の初期から、温熱環境、換気、採光、音響に対し、強い関心を示していた。アアルトはル・コルビュジエの国際連盟のコンペ案にショックを受け、最初期の古典主義的作風からモダニズムへと大きく舵を切ったのだが、その際に、モダニズムの形態のみに関心があったわけではなく、環境工学的な視点と造形を一致させることを目指していた。アアルトが巨匠とされるのは、優れた造形を数多く生み出しただけではなく、建築の本質を追究する姿勢を持っていたからであろう。

ダッチ・モダニズムを代表する建築家ヨハネス・ダウカーは、「オープン・エア・スクール」（1930年）や「ヒルベルスムのサナトリウム」（1931年）といった作品を残している。どちらも、白い幾何学で構成されており、「オープン・エア・スクール」では教室棟の立面がほぼ全面ガラスであり、十分な光を教室内に取り入れることができる。また、教室からすぐに屋根付きのテラスに出ることができ、雨の日であっても、子供たちが屋外で遊べるようになっている。この建物はコーナー部に柱がなくそこがテラスになっていること、全面的にガラスが多用されていることから、極めて開放性の高い空間を獲得している（図3）。もう一つの「ヒルベルスムのサナトリウム」も、アアルト同様療養患者に配慮した、透明で清潔な空間が目指されている。

リチャード・ノイトラが設計し、健康住宅と

図3 オープン・エア・スクール

の別名も持つ「ロヴェル邸」（1929年）は、施主であるフィリップ・ロヴェル博士の健康理論に支持された、アメリカ初のインターナショナル・スタイルの住宅である。鉄骨の構造により絶壁に突き出し、開放的な構成を持つこの住宅は、室内の隅々にまで光がもたらされている。こうした幾分快楽的ともいえる空間は、アメリカの西海岸の気候と人々の感受性にとてもよくマッチし、戦後は「ケース・スタディ・ハウス」などでさらに展開されていくこととなる。

モダニズムの実験的な環境制御の失敗例としてよく知られているのは、パリに建つル・コルビュジエの「救世軍ビル」（1933年）である。この建物でコルビュジエは、建物の南面を全面ガラスとし、そのガラスは二重として計画していた。全面のガラスは冬でも陽光をたっぷりと室内に導き、また二重のガラスは外気と室内の温度の緩衝帯となるはずであった。しかし予算のために実際にはガラスが一重となり、緩衝帯としての機能を果たさないこととなった。また、そもそもガラス面は直達日射をそのまま室内に入れてしまうという問題があった。このことからコルビュジエは、ブリーズ・ソレイユという、日射を遮る垂直の板状の連続庇を発明することになり、それはその後のコルビュジエの形態的ボキャブラリーの一つとなった。

ワルター・グロピウスもまた、デッサウの「バウハウス校舎」などによって、白い壁面とガラスからなるモダニズムの幾何学的造形を完成させた1人であるが、彼の研究の一つに集合住宅の住棟の配置計画がある。かつてのヨーロッパの街区における建物は、道路に囲まれた街区の形に沿って建てられ、その中心に中庭が設けられる、いわゆる「ロ」の字形をしていた。グロピウスは、南に面する細長い住棟を並行に反復する構成を提案し、また建物高さと住棟間隔を考慮することで、すべての住戸に等しく十分な日射が得られるようにした。このような考えは、極めて合理的なものとして、日本でも、特に戦後の集合住宅の計画に積極的に採用された。

機械的な設備によって環境をコントロールする歴史は150年以上にわたるが、往々にして機械設備は背後に隠されるものであり、建物の表現のモチーフとなることや、平面計画で重要な意味を持つことは稀であった。数少ない例としては、フランク・ロイド・ライトの「ラーキン・ビルディング」（1906年）や、ルイス・カーンの「リチャーズ記念研究所」（1961年）がある。

設備といっても、電気配線などはほとんどスペースを必要としないから、あとから計画をすることが比較的可能である。空調関係の機器やダクトは大きなスペースを必要とするため、建物計画の初期から併せて設計する必要がある。それを積極的に行い、建築とうまく統合した最初期の例が「ラーキン・ビルディング」である。この建物では、階段室と並んで設備のための空間が垂直に設けられ、それが外観のデザインとしても活かされている。「リチャーズ記念研究所」は、主用途の空間とそれ以外の設備や動線などの空間を明快に分離し、それを建築の表現とする、カーンの設計手法が初めて実現された記念碑的建築である。後述するように、この考えはハイテク建築に引き継がれ、日本のメタボリズムの提案との類似性も考察されるべきものである。

4 日本での試み

日本におけるモダニズム建築の初期の事例を見ると、いわゆるインターナショナル・スタイルは、戦前には限定的にしか試みられず、本格的な採用は戦後を待つこととなる。戦前につくられたいくつかの白い箱の建物の代表的なものとしては、土浦亀城の「自邸」（1935年）や堀口捨己の「若狭邸」（1939年）などの優れた作品がある。だがこれらはいずれも住宅であり、規模が小さく、また施主や建築家の意向を反映しやすいものであり、これらをもって、モダニズムが広く社会的に受け入れられていたとはいいがたい。日本における戦前のインターナショナル・スタイルで、ある規模を持つ建物としては、山口文象の「日本歯科医学専門学校付属病院」（1934年）や山田守の「東京逓信病院」（1937年）、東京都建築課による「四谷第五小学校」（1934年）や同営繕課による「東京市立高輪台小学校」（1935年）などをあげることができる。モダニズムがなかなか広まらない中で、病院や小学校といった種類の建物は、純粋に機能性ゆえに、モダニズムの採用がなされたといえる。ヨーロッパと同様に日本においても、初期のモダニズム建築は、健康を重視した病院と学校であった。

藤井厚二の「聴竹居」（1928年）は、環境工学の視点から、日本の伝統的空間の見直しを行っている。藤井は伝統的な空間を今日のものとする努力をしていたが、同時に、科学的根拠に基づいた室内環境の計画を試みていた。環境工学のはしりであろう。

丹下健三の記念碑的傑作「国立屋内競技場」（1964年、図4）では、大空間の空調のためにジェットノズル型の吹出し口が採用されている。丹下は、新しい空間の創造のために、新しい構造や設備の考えを積極的に採用した。また、丹下および彼の弟子筋に当たるメタボリズムの建築家たちは、建物のコアに設備や動線を集約

図4 国立屋内競技場

し、それ以外の主要な空間を可変性のある空間とすることを提案している。そこには、建物の全体計画の中で設備を明確に位置づける姿勢が見られる。

床から立ち上げられた独立柱型の空調吹出しは、何人かの建築家が好んで使用しており、磯崎新「大分医師会館」（1960年）はその最初期の例である。磯崎は35年後の「大分県立図書館」（1995年）でも、非常につくり込まれたものを製作している。伊東豊雄や長谷川逸子も独立柱型空調吹出しを好んで採用しており、大空間にあって、局所的に空調をすることでエネルギー効率を求め、同時に空間の中のアクセントとしてデザインしていた。そもそもこの吹出し柱は、オットー・ワグナーが「ウィーン郵便貯金局」（1912年）で提案したという古い歴史があり、半世紀以上を経て、日本で多く採用されるようになった。

また、日本独自に開発されたシステムとしては、奥村昭雄による「OMソーラー」も特筆すべきものである。

5 ハイテク建築

意匠の背後に隠されてきた構造と設備をそのまま見せ、それを建物の表現とする。また、建物の技術的側面を積極的に推し進め、構造、設備の革新的展開を図る。これらの建物をハイテク建築と呼ぶが、それはハイ・テクノロジー建築の略である。

こうしたハイテク建築の先駆けとなったの

は、パリの「ジョルジュ＝ポンピドー・センター」(1978年、図5)である。パリの古い石造りの街並みの中に突如として生産工場のような外観を持つ建物が登場し、大いに話題になるとともに、非難も引き起こした。鉄骨の構造体がそのまま現れ、それはまるで動物の骨格をむき出しにしたようであり、ダクト等の設備も隠されるどころか鮮やかな色が塗られ、構造も設備も積極的に建物の表現としてデザインされていた。

図5 ポンピドーセンター

　この建物は、コンペにより設計者が決められたが、建築家は当時ほとんど実績のなかった、レンゾ・ピアノとリチャード・ロジャースのコンビである。

　レンゾ・ピアノは、当初はどちらかといえば構造のほうに関心が高く、設備は隠さないという幾分消極的なスタンスであったが、だんだんと環境制御方法を積極的に開発し、それを建物の造形と一体化することを試みるようになる。その初期のものが「関西国際空港旅客ターミナル」(1994年)である。空港ターミナルという大空間の空調制御において、気流の振舞いを屋根形状に沿わせ、建物の形状もそこから導いている。その他、「ジャン＝マリー・チバウ文化センター」(1998年)や、近年の「カリフォルニア・アカデミー・オブ・サイエンス」(2008年)など、ピアノの環境建築への関心はさらに高まり、また数多く手がけている美術館では、自然光を導入した高度な技術を伴った光環境の制御にも特筆すべきものがある。

　リチャード・ロジャースは、〈サービスされる空間〉と〈サービスする空間〉を明確に分けるというルイス・カーンの考えに影響を受け、大きな主空間に対して設備を付加的に配置し、それらが将来交換可能であることを提案した。初期の傑作「ロイズ・オブ・ロンドン」(1984年)ではその思想が徹底され、内部はワンルームの大空間、建物外周にダクトやエレベータ、水回り、階段が配され、建物の外観をつくっている。この建物もコンペであったが、将来的な維持管理の容易さがクライアントに高く評価されたために、ロジャース案が採用された。その点からすると、「ロイズ」は、サステナブル建築の先駆けであったともいえる。

　ロジャースの場合、ピアノほど洗練を目指すのではなく、また後述のフォスターのようにおとなしい建物ではなくて、どこか表現が勝つところがある。環境配慮を建物の重要なコンセプトとしながらも、それをダイナミックな造形に置き換えて、時としてパフォーマンスのようにも見える。「ロイズ」も極めて合理的な説明が可能でありながらも、内部空間はゴシックの聖堂を思わせるような荘厳さを兼ね備えている。近年の「カーディフ州議事堂」(2006年)なども、プログラムや環境から導かれた大屋根や西洋梨形の議会棟は、独特の造形を誇っている。

　ロジャースで、もう一つ記すべきは、次項でも触れる、コンパクトシティをはじめとする近年の都市への提言である。

　ノーマン・フォスターは、ハイテク建築家の中で最も成功したといってよく、今日世界を舞台として大量の建物を建て続けている。この成功にはいくつかの理由があるだろうが、フォスターの建築技術に対する極めて合理的な考え方が、広く支持を集めていることは間違いないだろう。

　フォスターは、初期に晩年のバックミンスター・フラーと協働でいくつかのプロジェクトを手がけた。たとえば「クライマトロオフィス」(1971年)は、軽量な透明のドームの中に、働

くためのフロアが何層か配され、その内部環境が快適に制御されている。これはその後のフォスターの建築のプロトタイプともいえ、可能な限り軽量な構造体の中に人工的な環境をつくり出すことが、彼の終生の試みとなった。

また、近年でも「ロンドン市庁舎」(2002年、図6)をはじめ画期的な環境配慮型建築を多数生み出し、「スイス・リ本社ビル／ギーガー」(2004年)など、超高層ビルといった巨大な複合施設においても、建物の構成と一体となった環境配慮の革新的アイデアを実現している。

図6 ロンドン市庁舎

イギリスには、ハイテク建築家としてその他にも、ニコラス・グリムショウ、マイケル・ホプキンズなど多数いるが、とりわけ注目すべきは、グリムショウによる「エデン・プロジェクト」(2001年)だろう。このプロジェクトは「クリスタル・パレス」の現代版と位置づけられる。

また昨今、ファサード・エンジニアリングが注目を浴びるようになっている。ファサードは建物の印象を決定づけるだけではなく、外部環境とのインターフェイスでもある。建築の外皮の性能が室内環境に及ぼす影響は大きく、今後も開発が進められる分野である。

6 1990年以降：サステナブル建築

地球温暖化による影響が取り沙汰され、エネルギー問題に関して社会が敏感になるのと歩調を合わせて、1990年代頃から、サステナブル建築やエコ建築というものがあるまとまったジャンルとして定着するようになった。とはいえ、環境に配慮しつつもデザイン的にも見るべき建築が多く登場するのは、2000年以降のことである。

ドイツは、以前からエコ建築の先進国であり、今世紀になっても新しいデザインと融合した革新的な建築を次々と生み出している。目立ったプロジェクトとしては、ザウアーブルック・ハットンによる「GSW本社ビル」(2000年)や「ドイツ環境省」(2005年)、インゲンホーヘンによる「ルフトハンザ航空センター」(2006年)、「欧州投資銀行」(2008年)などがある。またインゲンホーヘンなどと協働しているファサード・エンジニアW・ソーベックによる、超高性能ガラスで覆われた自邸「R128」(2000年)は、環境建築の一つの極を示すものである。

たとえば今世紀になってからドイツにつくられた優れた建築をリストアップすると、その過半がエネルギー問題に積極的に取り組んでいる建物である。それほどまでに近年のドイツでは、社会全体の意識と建築家の取組みとが同じ方向を向いている(このことを日本の建築と比較してみると、建築雑誌等で誌面を賑わせる軽くて透明な作品群は、環境に対する配慮を著しく欠いている。それらは環境配慮という時代の潮流に対して、真逆の方向に向いている)。

イギリスでは、ハイテクの流れがそのままサステナブル建築へとつながり、特にノーマン・フォスターはますます活動の幅を広げ、世界中で大きな仕事を手がけ、現役の個人名が冠される設計事務所では最大の規模となっている。その成功には、フォスター・チームのプロジェクトの進め方のうまさがあるが、彼が初期から目指してきたスタンスが時代の中心的課題になったことが大きい。とはいえ、フォスターは以前と同じことを繰り返しているのではなく、新しい発想を加味し続けている(「スイス・リ本社ビル／ギーガー」や「ベルリン自由大学図書館」

（2005年）など）。同じイギリスでは、多くの著名建築家の構造を手がけて名を馳せたオブ・アラップ社が、昨今は環境計画を業務の柱の一つに据え、積極的に展開している。

　アメリカでは、同国の環境建築評価基準であるLEEDで高評価を得た、エコ建築とされる建物が多く実現されているが、デザイン的には見るべきものは少ない。このあたり、日本の組織事務所が手がけるエコ建築と似ている。性能は上がっているが、外観や室内空間に新しい提案は少ない。そうした中、1980年代に前衛的なグループとして登場したモーフォシスが、大胆な造形は変わらないものの、今日では環境配慮を重要なテーマとして掲げ、実際に性能の高い建物を実現している。代表作として、「カルトランス（カリフォルニア州運輸局）第7管区本部」（2007年）がある。

　2002年にプリツカー賞を受賞した建築家グレン・マーカットは、オーストラリアの地に、それぞれの土地の地形や気候に寄り添うような、環境と呼応した数多くの住宅を手がけている。プリツカー賞は建築界のノーベル賞とも謳われる最も権威のある世界的建築賞の一つであり、以前は、美術館や市庁舎など、都市のモニュメントになるような建築を多く手がけた建築家が選ばれてきた。だが、マーカットの受賞は、建築の評価が、大きくて壮麗なものだけではなく、小さくても環境に配慮したものにも与えられたということで、時代の潮流の変化を感じさせる出来事となった。

　一方で、昨今、ドメスティックな建物を現在風に再解釈して建てる試みが世界各地でなされている。地場の材料を用い、簡単な施工方法を採るが、それらは現代の科学的根拠に裏づけされた環境配慮型の建物となっている。

〈参考文献〉
1) 『環境としての建築　建築デザインと環境技術』レイナー・バンハム著、堀江悟郎訳、SD選書、鹿島出版会、2013年
2) 'The Architecture of the Well-tempered Environment' Reyner Banham, University of Chicago Pr. 1984年
3) 『建築家の講義　レム・コールハース』レム・コールハース著、岸田省吾監訳、秋吉正雄訳、丸善、2006年
4) 『建築試論』マルク＝アントワーヌ・ロージェ著、三宅理一訳、中央公論美術出版、1986年
5) 『ゴットフリート・ゼンパーの建築論的研究』大倉三郎著、中央公論美術出版、1992年
6) 『ウィトルーウィウス建築書』ウィトルーウィウス著、森田慶一訳註、東海選書、東海大学出版会、1979年

1-2
環境問題と都市の関係の歴史

千葉工業大学准教授　今村 創平

序

前項では個別の建物における環境制御の歴史的変遷を概観したが、本項では、都市をはじめ、ある程度の広がりを持った地域における環境的問題の歴史を扱う。それは単に都市と建物というスケールの違いだけではなく、個別の建物の場合とそれらが集合した状態とでは、異なる基準でとらえる必要があるためである。まず、個別の建物や敷地では扱えない問題がある。たとえば、地形やそれに関連する風や水の挙動は、ある広がりを持った地域でとらえないと分析ができない。また、各建物のエネルギー収支の総和が都市におけるエネルギー収支を示すと考えられがちだが、実際にはそうではない。ある建物にとっての最適解が、周辺環境にはマイナス要因となることがある。よく知られる例として、夏季のエアコンの廃熱は都市のヒートアイランド現象を助長している。壁面で太陽光発電を行っている場合も、北側の隣地に大きな影を落としているかもしれない。今後、太陽熱や風力、地熱、雨水などは再生エネルギーの資源としての重要度をさらに増すが、それらを公平に分配する仕組みはまだできていない。これまでは、太陽光や水は「ただ」である、または、有限ではない、と思われてきたからである。

集合的に考える方法は、まだ研究が始まったばかりといってよい。それもあって、地域のエネルギーの配分を効率的に考えるスマートシティが今日大きな注目を浴びているわけだが、そこでは先端技術を活用する一方で、過去の事例や経験から学べることも多いと思われる。本項は、過去の事例を振り返ることで、そこで見られる知見が今日活用されるようになることを目指すものである。

1 集落などにみる自然と共生する集合的環境

今日であれば、建物の形態の決定には、趣向や経済性などをはじめとするさまざまな要因が作用するが、近代以前の一般的な住居やその他の建物においては、自然環境に対する性能確保が、形態決定の主要かつ決定的な要因であった。各地の環境的負荷（気温、日射、風雨）などから身や財産を守ることを一番の目的とし、建物の形態が決められた。そのことは自然に、ある地域に建つ建物がどれも似たような形態を持つことを促した。結果、集落として眺めた場合には、ある統一感を有する景観となった。われわれが、昔からある集落や街並みを訪れ、感心する景観の見事さは、環境に対してある共通する呼応をした建物群が、整然と並んでいることからもたらされている。

また古来の集落では、建物は誰か個人の作為によってではなく、共同体の経験的知識に基づいてつくられていた。その住居をある家族が所有するとしても、そこには地域共同体の環境に対する態度が共有されていた。かつて、地域の土地は共同体の共通の財産であり、お互いの関係に配慮することが自然なこととされていた。一方今日では、自分の所有する土地や建物を個別に計画し、その中だけの快適性などが追求されていることが問題である。

2 反都市としての理想的環境共生モデル

近代以降の産業と科学の発達に伴い、われわれを取り巻く環境は、以前と比べ大きな変化を遂げた。それは都市においてとりわけ顕著であったが、環境に配慮した地域計画は、反都市としての郊外住宅において先駆的試みがなされた。イギリスのエベネザー・ハワードは、1898年に「田園都市」を発表する（図1）。ヴィクト

リア朝のロンドンは、産業革命により人口が集中し、劣悪な都市環境となっていた。狭小、不潔など、人の生を脅かすような状況であったことは当時の文学などでも活写されている。そうした都市を補完するものとして、郊外の緑の多い環境の中に計画された、理想的な住宅地を中心とする田園都市をつくるというのが、ハワードの提唱であった。

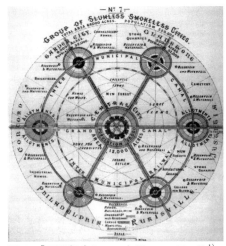

図1 「田園都市」エベネザー・ハワード[1]

このハワードの「田園都市」は、その考えを引き継いで実現したレッチワースなどの住宅地に緑があふれる様子から、環境にやさしい印象を与える。しかしハワードの提案の意義は、科学的都市計画をいち早く提言したことにあり、その点からも都市計画史の中で極めて重要といえる。たとえば、ゾーニングされた地域ごとの人口密度の設定、大量輸送を実現する交通機関の適切な配置などである。ハワードの本は、以後世界中でつくられることとなるニュータウンのもととなるのだが、単なる郊外住宅団地の提案ではない。いかに科学的（経済も含め）に都市を計画できるかという視点が貫かれており、今日のスマートシティをはじめとする環境共生都市の計量可能性を先取りしていたことは、見逃せない。

3 アーバンデザイン／都市政策の変遷

中世にそのルーツがあるようなヨーロッパ型の都市においては、その資産を活かしながら、現代のニーズに沿った都市づくりが求められる。一方で、アメリカのように処女地に新しい都市をつくるケースでは、都市計画が純粋な形で実現されやすい。そうしたことから、都市の評価に関しては、アメリカや新興国の新しい都市のほうが客観的に行いやすい側面がある。

そうしたことは、都市計画の理論の変遷からも見ることができ、特にアメリカにおけるアーバンデザインの各世代によるテーマを追うと、われわれが20世紀のそれぞれの時期において都市に何を期待してきたのかが理解できる。まず、アーバンデザインとは、都市を造形の対象として、そこに審美的秩序を付与することをその端緒としている。次に、都市を単に造形だけではなく、経験されたものとして捉えるようになる（ゴードン・カレン、ケビン・リンチ）。1960年代にはアーバンデザインが都市政策の課題となり、都市生成の意思決定のプロセスとみなされるようになる（ゾーニング制度などによる規制・誘導）。1970年代になって、発展・成長から方向転換をし、持続可能な社会へと向かう新たな都市像が求められるようになり、ニューアーバニズム、アーバンヴィレッジ、コンパクトシティなどが唱えられるようになる。

こうした流れは、もちろんアメリカだけに見られるわけではなく、世界的に共通したものであった。ニューアーバニズム、アーバンヴィレッジ、コンパクトシティといった新しい都市の概念は、欧米で盛んに議論され、日本にも詳しく紹介されている。

ニューアーバニズムとアーバンヴィレッジは、ともに、合理性を追求した近代の都市計画に対して、より人間味のある、豊かな環境を得ようという試みであった。

コンパクトシティは、20世紀において都市が過密となり、周辺へとスプロールしたのに対し、都心部に集約的に機能を集めるという逆の方向を示すものであった。人口密度の低い地域は、かつては目指すべきものとされたが、その非効率性への反省から、集約的でコンパクトな

都市を目指そうというものである。こうした発想は、結果としては、交通量を減らしエネルギーも集約化できるということで、サステナブルな都市づくりと共通する価値観を持つこととなっている。

イギリスの建築家リチャード・ロジャースは、1990年代中頃から、首相やロンドン市長のアドバイザーになるが、その際に、コンパクトシティの考えは都市政策における重要な概念となっていた。

4 成長への懐疑と環境意識の高まり

第二次世界大戦後、しばらくは各国とも復興に向けた努力がされるが、それも落ち着き、世界的な経済成長が見込めるようになると、その一方で環境破壊といった問題が顕在化してくる。その一つの例が、公害問題である。公害とは、「経済や産業の発展を目的とした社会・経済活動によって、環境が破壊されることにより生じる社会的災害」と定義される。日本では、水俣病（1956年～）や四日市ぜんそく（1960年～）を含む「4大公害病」がよく知られるが、これらが大きな問題として浮上したのは1950年代から70年代の高度成長期に当たる。これは、経済成長が環境を破壊し、人体や環境に深刻な影響を及ぼしたわけだが、経済成長と環境破壊に因果関係があることを広く知らしめることとなり、楽観的な成長信仰に反省を促すものとなった。これらの公害を受け、1967年に公害対策基本法が制定されている（1993年に環境基本法に統合される）。海外でも公害の事例は多いが、最初期のものとしては、産業革命が起きたロンドンで1952年に発生したスモッグで、1万人以上が亡くなったとされる。これらは、人為的に引き起こされた問題であること、社会的広がりを持つこと、成長や発展といったことの裏の面として生じていることが、今日の環境問題と共通している。公害問題への対策の結果、環境に関する法整備、科学的対処法の研究などが進められることとなった。

1973年、オイルショックが起き、エネルギーが有限であることが顕在化し、エネルギー政策の重要性が広く知られるところとなる。日本では、同年に省エネルギー法が制定される。

天才的発明家バックミンスター・フラーは、そのキャリア全般にわたりエネルギーの効率化を追求したが、1963年の著作『宇宙船地球号』[2]では、われわれはこの惑星の上の運命共同体であるというビジョンを鮮明に描き、以降の環境運動に大きな影響を及ぼした（図2）。同じくアメリカでは、生物学者レイチェル・カーソンが農薬で使用されている化学物質の危険性を告発した書『沈黙の春』[3]（1972年）がベストセラーとなり、1972年に国連人権環境会議が設立されるきっかけとなる。このように、1960年代、70年代は、世界的に環境問題への告発と、それに対する意識の高まりが見られる。

図2『宇宙船地球号』バックミンスター・フラー[2]

5 地球温暖化問題と環境対策

前述したように、地球環境に対する取組みは半世紀前から始まっているが、それがより決定的な課題であることをわれわれに突きつけたのは、地球温暖化問題である。地球温暖化問題は広く知られているのでここで詳細を述べる必要はないだろうが、それまでと異なるのは、この

ままでは地球環境が破滅する可能性が極めて高く、その対応も猶予のないものだという指摘である。

1992年に地球サミットが開催され、1998年には京都議定書が締結される。アル・ゴアの映画『不都合な真実』[4]が衝撃を持って受け止められるなど、ここ20年余り、地球温暖化問題を軸とした環境に対する議論は、世界的に最重要の課題の一つとして広く理解されている。一方で、さまざまな対策が論じられ個別の対応がなされているものの、根本的解決への道筋はいまだ見えておらず、状況はむしろ深刻さを増しているという、もどかしい状況が続いている。

6 近年の環境共生都市の試み

以上のような背景を受け、近年では、世界各地で環境共生型の都市づくりが行われている。今後もより進んだものが実現されるであろうが、すでに実現している環境共生都市の代表的な事例を紹介する。

(1) フライブルク

ドイツ南西端に位置するフライブルクは、「環境都市フライブルク」と紹介されることも多いほど、環境に配慮した都市づくりでよく知られている。1970年代の酸性雨によるシュバルツヴァルト（黒い森）の枯死の危機や近郊の原子力発電所の建設計画に端を発し、フライブルクは脱原発、自然エネルギー推進の方向を採用する。自然エネルギーでは太陽エネルギーの普及に努め、ドイツにおける太陽光発電の重要な開発・生産拠点ともなる。結果、太陽光発電はフライブルクに雇用を生み出し、また先端的環境都市として多くの視察団を集め、エネルギー政策が地域経済や環境産業に寄与することを証明している。

フライブルクのニュータウン、ヴォーバン地区は、38haの敷地に5,000人が住む環境共生型の住宅地である。トラム（路面電車、ライトレールともいう）の導入、小川の流れるビオトープ（小規模の生物生息空間）、風の道や雨水の流れなど住民が参加して計画をつくる中、従来の住宅地に比べ約60％のCO_2削減を実現している。

関連したものとして、リンツの「ソーラーシティ」がある。2005年に完成したリンツ市郊外のこのニュータウンには3,300人の人が住むが、再生可能エネルギーを積極的に採用する中で、特に太陽光利用を街づくりの核としている。

(2) ハンブルク、ハーフェンシティ

ハンブルクはドイツ第二の都市であり、海運、工業都市として大きな発展を遂げた。その後、第二次世界大戦での壊滅的なダメージや産業構造の変化などがあったものの、今また新しい発展を迎えている。その象徴ともいえるのが、ウォーターフロントの再開発計画「ハーフェンシティ」であり、2.2km^{2}にわたるヨーロッパ最大の再開発である。2001年から始まり終わりはまだはっきりとしておらず、2020年から30年の間とされている。このエリアには、オフィス、住居、教育・文化施設、公園などが集約的に配され、徒歩や自転車で容易に移動することができる。また、建物の環境性能を評価するエコレーベルという独自のシステムがあり、「シュピーゲル本社ビル」（設計：ヘニング・ラーセン）はその最高評価のゴールドを得ている。また、ヴェーニッヒ設計の「ユニリーバ本社ビル」は、内部のアトリウムを公共空間にすることで評価を得るなど、豊かな都市生活を実現するための、さまざまな基準が導入されている。現在、ヘルツォーク・アンド・ドゥ・ムロンによるコンサートホールや、坂茂による集合住宅が工事中、計画中など、世界的建築家による優れたデザインと環境配慮への取組みが組み合わせられていることが、このエリアを非常に魅力的なものとしている。

(3) ストックホルム、ハンマルビー・ショースタッド

ストックホルムは全般的に環境意識の高い都

市であり、市南部のハンマルビー・ショースタッドやロイヤル・シーポートなど、いくつかの極めて環境性能の高い開発が行われている。かつては造船所のエリアであったハンマルビーは、住居11,000戸、居住者25,000人といった規模の、住宅とビジネスの街として再開発が行われている。1990年代の同程度の街に比べ、CO_2の排出量を半分にすることを目標とし、公共交通機関を積極的に利用する計画である。また自然エネルギーと廃棄物の利用が徹底され、特別な仕組みとしては、各エリアで分別された家庭用ごみが地下に埋設されたバキューム管で収集場に送られるシステム（真空集塵システム）がある。このサステナブルな街づくりは「ハンマルビー・モデル」と呼ばれ、環境配慮型都市の代表的な事例として、各国の首相クラスが視察に訪れている。

　かつての工業地帯であり産業の変換に伴い現在荒廃している地域を「ブラウンフィールド」と呼ぶが、ハンブルクのハーフェンシティやハンマルビー以外にも、ブラウンフィールドを再生する試みは欧米各地で行われている。ブラウンフィールドは、以前は産業の中心地であったことから都心近くにあることが多く、その再生は都市環境の整備の視点からも重要なのだが、今日ではさらに一歩進め、環境共生型の都市として再生することが求められている。

　産業革命の国イギリスでも、ロンドンの東側に位置するドックランドの再生などはその早い時期の例であり、先のロンドンオリンピックの敷地も、荒廃地を再生し新しい環境型のニュータウンをつくるとした計画が時代に適ったものとして、オリンピック開催地決定の一要因となったとされている。

　ドイツ・ルール地方のエムシャーパークは、かつて石炭および鉄鋼産業によって栄えた800km^{2}にもおよぶ広大なエリアを、廃墟と化した巨大な産業遺構を取り込んだままテーマパークとした、特筆すべき事例である。

　少し変わった例としては、ニューヨークのハイラインがある。使われないまま長らく放置されていた高架鉄道軌道跡を、都市の中を縫うように、細長く連続する緑を備えた公共空間に生まれ変わらせた。この例は数値的な効果は計測できないが、都市における持続可能性を考える上では、重要なものだろう。

(4) BedZED

　BedZEDは、建築家ビル・ダンスターによって計画された職住接近型の集合住宅で、ベディングトン（ロンドン南部）のゼロ・エネルギー・デベロップメント（ZED）の略称である（図3）。ダンスターは設計事務所ZEDファクトリーにおいて、さまざまなタイプのZEDを開発、提唱しており、BedZEDはその中で最も有名なもので、2003年にRIBAのサステナビリティ賞を受賞している。BedZEDは82戸の住宅と1,405m^{2}の働くための空間とからなり、南向きの住宅用テラスと、北向きの職住近接住居もしくは仕事場を組み合わせることで構成されている。デザイン上で目を引くのは、屋根の上の色とりどりのウィンドカウルで、機械装置の補助なしに、正と負両方の風圧を用いて、古い空気を外に出し、新鮮な空気を中に取り込むことができる。

図3　BedZED[5]

(5) マスダール計画

　マスダール・シティは、アラブ首長国連邦

(UAE)によって進められている革新的なエコシティである（図4）。2006年に開始されたこの計画は、アブダビ国際空港の近くで建設中であり、約6.5km^{2}のマスタープランをフォスター・アンド・パートナーズが手がけている。砂漠の中に構想されているこの未来的な都市は、蜃気楼であるかのような幻想的な佇まいを漂わせている。砂漠地帯という過酷な環境の中でゼロ・エミッション・シティを目指すという時点ですでに大きな挑戦であり、オイルマネーで潤う産油国が、次の世代を見据えて実験的ともいえる投資をしていることに、環境に移行する時代の局面が現れている。

すでに、フォスター社によるマスダール研究所が完成しているが、研究と技術開発に特化した都市として、最終的に45,000人から50,000人の居住が見込まれている。

当計画では、徹底的なまでの再生エネルギーの利用がもくろまれており、隣接地には大規模な太陽光発電所が設けられ、その他にも風力、地熱、水力による発電が計画されている。水源は、太陽光発電により淡水化された海水を使用するが、その80％はリサイクルされる。その他、廃棄物のゼロ化や専用の交通網など多くの先端的な取組みも採用されている。

図4 マスダール計画 [6]

ヨーロッパのエコシティの試みの多くは既存の都市の更新であるが、マスダールのように何もない土地にまったく新しいエコシティをつくるという試みは、中国などでもよく見られる。また中国の場合、以前何もなかったのではなく、既存の村落等を広範囲に一掃してしまい、そこに白紙に描くように新しい都市をつくるという乱暴な手法も見られる。中国ではエコシティのコンペや開発が数多く、たとえば原広司も天津のエコシティのコンペに参加している。

アブダビのマスダールにせよ、中国のエコシティにせよ、大国が自国のアピールのために象徴的なプロジェクトとして開発し、真にエコロジカルな都市とはなっていないのではないかという疑念があり、本当に目標通りの効果を伴って実現される保証はなく、まさに壮大な実験としての試みでもある。エコシティは時代の先端的なテーマであるだけに、そうした政治的立場やビジネスチャンスといった思惑によって利用されることがありえる。地球環境を脅かす世界的な課題の前に、政治利用といった余裕はないはずであり、各計画が環境にとって本当に意味があるものかどうか、エコと謳われている事例の紹介にとどまることなく、実際にその検証がなされることが必要である。

一方で、環境に対する技術は日々更新されている。都市は長いスパンを視野に入れて構想すべきであろうが、技術の成熟や確実性を待っていては、いつまで経っても着手することができない。上記の先鋭的な環境都市の試みの中には想定通り機能していない部分も見受けられるかもしれないが、ある程度は、試しながら計画を実践するという姿勢が求められるのだろう。

参考文献
1) 『都市をつくった巨匠たち』都市みらい推進機構編、ぎょうせい、2004年
2) 『宇宙船地球号 操縦マニュアル』バックミンスター・フラー著、芹沢高志訳、ちくま学芸文庫、筑摩書房、2000年
3) 『沈黙の春』レイチェル・カーソン著、青樹築一訳、新潮文庫、新潮社、1974年
4) 『不都合な真実』アル・ゴア著、枝廣淳子訳、ランダムハウス講談社、2007年
5) 『a＋u』2011年4月号
6) "vitamin green" Joshua Bolchover、Phaidon Press、2012年

1-3
温暖化対策に関する国内外の動き

日本設計　大野 二郎

1　近年の国内各省庁他の対応

(1)　東日本大震災前の対応

　2009年9月、政府は、温室効果ガス（GHG）の排出量を1990年比で2020年までに25％削減するという意欲的な方針を表明していた。環境省では「地球温暖化対策に係る中長期ロードマップ」（2010年3月）を、経済産業省では「エネルギー基本計画」（2010年6月）を公表し、今後の温暖化対策、エネルギー利用の方針が示された。再生可能エネルギーの割合を10％以上にし、家庭部門では温室効果ガス排出を37％削減するとされていた。また2050年には、すべての住宅および建築物をゼロエミッション住宅、ゼロエミッション建築にすることを目標としていた。「歩いて暮らせる地域づくり」としてコンパクトシティ化や公共交通倍増によるCO_2排出削減、建築物等への木材利用促進や森林吸収源の活用が述べられており、欧米諸国に劣らぬ地球温暖化防止政策の検討を掲げていた。

(2)　東日本大震災後における対応

　2011年3月11日に発生した東日本大震災、津波災害および原子力発電所事故後、各省庁において温暖化対策やエネルギー問題などに関して、新たな議論が開始された。

　当時の政府は、2030年代に原発ゼロを目指すと表明していた。欧州では、福島原発事故を受けて、ドイツ、ベルギー、スイス、イタリアなどが相次いで脱原発を表明、アメリカでも5基の運転停止を決定していた。その間、新成長戦略会議／環境・エネルギー会議（2011年12月）では、原発依存度低減に向け、エネルギー安全保障や地球温暖化対策との両立を図り、エネルギー選択に需要家や地域が参加できるシステムや、新たなエネルギーミックスで地球温暖化対策を実現するとの発想の転換が示された。国際戦略会議中長期的政策指針「日本再生の基本戦略」（2012年1月）では、持続可能で活力ある国土、地域の形成のために、①ゼロ・エネルギー住宅や集約型まちづくり等の推進による低炭素化、循環型の持続可能な社会の実現、②都市における防災および環境性能の向上、③「環境未来都市」構想の推進が示されている。「まちづくりと一体となった熱エネルギーの有効利用に関する研究会」（資源エネルギー庁）中間取りまとめ（2011年8月）では、各街区や地区において、最適な熱エネルギーの有効利用を実現していくことが重要となると述べられている。

　この間、東日本大震災、津波被害および原発事故の緊急復興対策優先のもとで、地球温暖化防止議論は停滞していたようにも思えた。

2　注目すべき具体的な動き

(1)　住まいと住まい方推進会議

　都市・建築系で注目すべきは、経済産業省、国土交通省、環境省が共同で設置した「低炭素社会に向けた住まいと住まい方推進会議」中間取りまとめ（2012年7月）である（図1）。2020年までに、標準的な新築住宅でゼロ・エネルギー・ハウス（ZEH）を実現し、2030年までに新築住宅の平均でZEHを実現する。建築物については、街区レベル等でのエネルギーの利用や、自然エネルギーも活用することを前提としつつ、2020年までに新築公共建築物等でZEBを実現し、2030年までに新築建築物の平均でZEBを実現する。また、住宅の建設、運用、廃棄、再利用等のライフサイクル全体を通じてCO_2排出量をマイナスにする視点の重要性を指摘しており、今後の目指すべき姿として、快適性や知的生産性の向上も考慮することが重要で

あるとしている。震災を踏まえて、電力需給やエネルギー消費状況の「見える化」等を通じた自主的な低炭素化の行動を促す仕組みを構築することが必要であるとしており、国の政策的実現が求められていた。

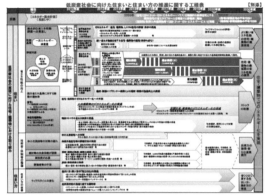

図1　住まいと住まい方推進会議工程表[6]

(2)　環境省中央環境審議会

第四次環境基本計画（2013年4月27日閣議決定）では、目指すべき持続可能な社会の姿として、「安全」の確保を前提に、「低炭素」「循環」「自然共生」の各分野を統合的に達成するとし、優先的に取り組む十の重点分野を定めている。①経済・社会のグリーン化とグリーン・イノベーションの推進、②国際情勢に対応した的確な戦略的取組みの推進、③持続可能な社会を実現するための地域づくり、人づくり、基盤整備の推進、④地球温暖化に対する取組み、⑤生物多様性の保全および持続可能な利用に対する取組み、⑥物質循環の確保と循環型社会の構築、⑦水環境保全に関する取組み、⑧大気環境保全に関する取組み、⑨包括的な化学物質対策の確立と推進のための取組み、⑩震災復興、放射能物質による環境汚染対策などが述べられている。

(3)　住宅・建築物の省エネルギー基準
　　平成25年5月公布"改正省エネ法"のポイント

建物全体の省エネルギー性能をよりわかりやすく把握できる基準とするため、「一次エネルギー消費量」を指標とした、建物全体の省エネルギー指標を評価する基準に改正された。外皮（外壁や窓等）の熱性能については、適切な温熱環境の確保等の観点から、一定の水準（平成11年基準相当）が求められる（トップランナー制度に追加）。一次エネルギー消費量は、「空調・暖冷房設備」「換気設備」「照明設備」「給湯設備」「事務機器・家電調理等」のエネルギー消費量を合計して算出する。また、エネルギー利用効率化設備（太陽光発電設備やコージェネレーション設備）によるエネルギー創出効果は、エネルギー削減効果として差し引くことができる。

(4)　「エネルギー基本計画（第四次）」策定

2012年12月、第二次安倍内閣が誕生し、それまでのエネルギー政策を白紙で見直すとされた。総合資源エネルギー調査会では新しい「エネルギー基本計画」の策定に向けての審議が行われ、その後、総合資源調査会での素案作成、パブリックコメントの実施、東京都知事選の経過を考慮して「エネルギー基本計画（案）」が発表され、2014年4月11日に閣議決定された。再生可能エネルギーの導入加速などにより、原発依存度を可能な限り低減させるとする一方、原発は重要なベースロード電源と位置づけられ、安全性が確認された原発の再稼働を進めると明記された。

以上、いずれの審議会等においても、原発への依存度を低減していくことを前提に、エネルギー需要をいかにして抑制していくか、また、エネルギーミックスを検討し再生可能エネルギーの利用をいかにして増加させていくかが大きな論点となっている。

3　環境都市としての取組みからスマートシティへ

(1)　環境モデル都市（2008年）

低炭素社会の実現に向けて、温室効果ガスの大幅削減などの取組みに際し、環境モデル都市として六つの自治体が選定されるとともに、環

境モデル候補都市として七つの自治体が選定されている。環境モデル都市には、分野横断的な取組みによる低炭素社会の構築に向けた具体的な道筋と日本の将来像を示すとともに、都市・地域の新たな魅力や今後の長期的な活力を創出し、全国での低炭素社会の構築に向けた取組みを促進していくことが期待された。

(2) 環境未来都市構想

「新成長戦略」（2010年度6月閣議決定）において、21の国家戦略プロジェクトの一つとして位置づけられたものであり、特定の都市や地域を選定し、環境や超高齢化などの点で優れた成功事例を創出するとともに、これを国内外に普及し展開を図ることで、需要拡大、雇用創出などを目指したものである。

(3) スマートコミュニティ導入促進事業

経済産業省資源エネルギー庁／新産業・社会システム推進室が主体となり、災害に強いまちづくりとして、再生可能エネルギーの活用を中心としたスマートコミュニティを構築し、エネルギーの効率的な活用を行う社会システムに貢献することを目的としたものである。

(4) 都市の低炭素化の促進に関する法律
（平成24年12月4日施行／通称エコ街法）

東日本大震災を契機とするエネルギー需給の変化や国民のエネルギーや地球温暖化への意識の高揚等を踏まえ、市街化区域等における民間

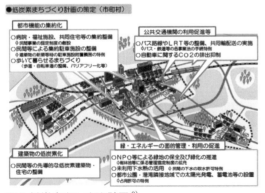

図2 低炭素まちづくり計画[9]

投資の促進を通じて、都市および交通の低炭素化、エネルギー利用の合理化などの成功事例を蓄積し、その普及を図るとともに、住宅市場と地域活性化を図ることが重要としている（図2）。省エネルギー住宅・建築物の認定制度では、現行の省エネ基準（次世代省エネ基準）に比べ10％以上性能の高い住宅などを認定し、住宅ローン減税や容積率の特例などのインセンティブを与えている。太陽光発電など創エネも評価できる基準を設けている。

4 IPCC第五次報告書

（気候変動に関する政府間パネル（IPCC）第五次報告書）

WGⅠ（自然科学的根拠）報告（2013年9月）では、地球温暖化は95％の確率で人為起源であるとした。海水の温度上昇、酸性化が見られ、陸氷は減少傾向にあり、北極海の氷は激減した。気候変動を抑制するには、温室効果ガス排出量の大幅で持続的な削減が必要であり、RCP（代表濃度経路シナリオ）2.6の対策を徹底的に行った場合は、世界の平均気温上昇を2℃以下に抑えることが可能であるとされている。

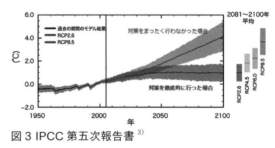

図3 IPCC第五次報告書[3]

WGⅡ（影響・適応・脆弱性）報告（2014年3月）では、主要なリスク被害として、①海面上昇・高潮、②大都市部洪水、③インフラ等の機能停止、④熱波による都市部の脆弱層の死亡・疾病、⑤食料安全保障の危機、⑥農村部の生計・所得損失、⑦沿岸海域の海洋生態系サービスの低下、⑧陸域・内水生態系サービスの低下をあげている。政治的、社会的、経済的、技術的システムの変革に対して、効果的な適応策

と緩和策により、レジリエント（強靭）な社会の実現と持続可能な開発が促進可能としている。

WGⅢ（気候変動の緩和策）報告（2014年4月）の建築部門では、技術、ノウハウ、政策の進展により、今世紀中頃までに、建築部門におけるエネルギー利用を安定化し削減することは可能であり、建築基準と電気製品の省エネ基準が計画、実施されれば、温室効果ガス排出削減の最も効果的手段であると記述されている。

5 欧州委員会「Energy 2020」

欧州委員会は2010年11月、エネルギー新戦略「Energy 2020」を発表した。EUでは「競争力」「持続可能性」「供給安全保障」を軸に、「三つの20（20-20-20）」の目標を掲げていた。①温室効果ガス排出削減を2020年に1990年比20％削減する。②再生可能エネルギー比率を20％に引き上げる。③エネルギー効率を20％引き上げる。また、「Energy 2020」では、目標達成のための五つの優先課題を掲げている。①エネルギー効率の高い欧州の達成、②汎欧州で統合されたエネルギー市場の構築、③消費者の権利強化と最高水準の安全性・供給確保、④エネルギー技術とイノベーションにおけるEUの主導的立場の増強、⑤EUエネルギー市場の対外的側面の強化である。五つの優先課題にはそれぞれ具体的なアクションが決められている。「Energy 2020」に基づき、EU各国はそれぞれ実現化の方策を作成している。

6 ネットゼロ・エネルギー・ビルディング（ZEB）の実現に向けて

欧州委員会（EU）

「建築物のエネルギー性能に関わる欧州指令（EPBD）」が2010年に改正され、2020年12月31日以降に新築されるすべての住宅・建築物は、おおむねゼロ・エネルギー（nearly zero energy）とすることを加盟各国に要求した。

フランス

2010年5月に環境グルネル第一法が成立し、2020年までにすべての新築住宅・建築物をエネルギー・ポジティブ（エネルギー生産量がエネルギー消費量を上回る）建築物（住宅を含む）とするように規定された。BCCエフィネルジーと呼ばれるラベリング制度が導入され、一次エネルギー消費量50kWh/㎡年以下が求められている。

イギリス

2008年以降、不動産の売買、賃貸、建設にエネルギー性能証書（EPCs）が必要となった。2016年から新築住宅をZEB化、2019年までに新築非住宅建築物をZEB化する法制化を行う提案が出され、民間企業の技術開発・実証等の促進を狙い、オフサイトの措置を認めるとともに、ZEB定義自体も見直す方針が出された。

アメリカ

2030年までにすべての新築業務用ビルをZEB化する（Architecture 2030）。エネルギー自立安定保障法（2007年）において、技術、慣行、政策を開発および普及することを目指した「Net-Zero Energy Commercial Building Initiative」を規定した。アメリカ合衆国エネルギー省は、2025年までに市場競争力のある「ZEB化建築技術プログラム」を推進している。

シンガポール

新築および大規模改修に際して省エネ対策機器等の導入を義務化するとともに、職業訓練施設（BCA Academy）では、2009年にモデル改修事業としてZEB化を実現した。

マレーシア

グリーンビルの認証制度を策定し、優遇措置を導入している。2007年に建設された「マレーシア・エネルギー・センター（DTM）」でZEB建築を実現した。

韓国

2009年の省エネ基準に比べて、2012年に30％削減、2017年に60％削減と基準を強化し、2025年にはZEB実現の基準を義務化する。開発と普及を目指し、2011年に国立環境科学院変動研究センターによってZEBモデル施設が建設された。

国際的な動向

このように世界の状況を概括すると、温暖化対策における建築の目標は、CO_2排出ゼロに限りなく近いカーボンニュートラル実現に収束しつつあるように思える。国際的な経済競争活動にさらされる輸出製造業に比べ、都市・建築分野は国内対策を講じることが可能な分野でもある。温暖化対策は、開発途上国への国際的な貢献と、海外に向けた経済的発展に寄与する重要なポイントでもある。先進各国では、すでにZEB建築が建設され始めている。スイスのチューリッヒにある「環境ミュージアム」（図4）では、多角形の屋根はすべて太陽光発電アレイで構成され、必要エネルギーの203％の創エネを実現している。ZEBを超えたPEB（プラス・エネルギー・ビル）であり、地域分散エネルギー拠点としても機能している。

図4 Umbert Arina／チューリッヒ

7 再生可能エネルギーの利用促進

建築のゼロ・エネルギー政策に大きな役割を果たすのが建築性能向上と再生可能エネルギーであることは、欧米諸国に共通している。EUでは、再生可能エネルギーの導入を地球温暖化対策とともに政策的に推進してきた。気候変動・エネルギー包括法を構成する一つが「再生可能エネルギーの利用促進に関わる欧州指令（EPBE）」である。EU全体で再生可能エネルギーを20％導入という目標を達成するための国別目標値は、これまでの実績等に基づいて定められている。

EUの再生可能エネルギー政策の中で、最初に導入されたのが風力発電、太陽光発電の電力関連であり、次いで交通・運輸におけるバイオ燃料導入であった。建築において省エネルギーの義務化は世界でも一般的なものであったが、EUは再生可能エネルギーについても義務化に踏み出した。この背景には、スペインにおける建築基準（2006年）のソーラー・オブリゲーションと呼ばれる、太陽エネルギー設備の設置の義務づけの成功があった。この基準は、すべての新築および改修に対して、建物内で使用する温水需要の30〜70％を太陽熱エネルギーで賄うよう義務づけている。ドイツでは、2008年6月に「再生可能エネルギー熱法」が成立し、2009年1月より、新築の建築物は再生可能エネルギー起源の熱利用を一定割合義務づけた。これによって、暖房給湯の再生可能エネルギー利用を現在の6％から2020年までに14％とする計画である。また欧州では、再生可能エネルギーの導入政策が電力から熱へと移り、その手法が建物への設置の義務化へと傾いている。これは、建築が占めるCO_2排出量の割合が全体の4割と大きく、さらにその中で熱用途が大きな割合を占めていることが背景にある。また、熱エネルギーは系統連携を行うのが困難と見られており、建築では需要家側での導入が重要になる。そうしたことから、再生可能熱エネルギーの導入は、建築を対象とした義務化という手法を選択している。

8 その他の動き

Architecture 2030: The 2030 Challenge

アメリカで2002年に設立された非営利組織のArchitecture 2030により、2006年から実施されている活動である。2030年までにすべての新築建物のカーボンニュートラル化の達成を提案し、賛同者を広げつつある。現在この活動には、各種建築系協会や環境設備系協会、業界団体、アメリカの670の都市などが参加しており、活動の影響力は大きくなりつつある（図5）。

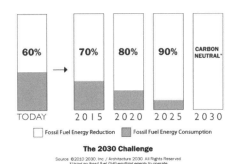

図5 The 2030 Challenge[10]

CASCADIA: Living Building Challenge

北米の西海岸にあるUSGBC（アメリカグリーンビルディング協議会）の地域チャプターであるCASCADIAでは、LEEDの認定レベルでは不十分であるとして、Living Building Challenge（LBC）というCASCADIAグループ独自評価の取組みを始めている。エネルギー評価項目および水の評価項目では、ネットゼロ・エネルギー（建物で使用するエネルギーは年間当たり敷地内での再生可能エネルギーで100％賄うこととするが、バックアップのためのエネルギーは除く）、またネットゼロ・ウォーターは必須条件になっている。この基準を満たさないとLiving Buildingとしては認定されない。

ASHRAE: ASHRAE Vision 2020

2030年におけるゼロ・エネルギー・ビルの普及を踏まえて、ゼロ・エネルギー・ビルの定義、サポートツールの開発、2020年に向けた16の戦略方針の提言を行っている。この中にはエネルギー性能格付けプログラムも含まれている。建築物のエネルギー性能格付けプログラム（Building Energy Quotient labeling program: Building EQ：図6）は、アメリカ環境保護局（USEPA）のEnergy Starプログラムと共同で開発された制度であり、住宅を除く新築、既存の全建物を格付けする制度である。この制度の目的は、建物管理者や所有者側に、建物のエネルギー性能のデータを提示することで、エネルギー性能の改善に結びつけることを意図したもの

である。また建物購入者やテナントが建物に対する投資価値を判断する場面で、エネルギー性能面からの判断材料を提供することを意図したものである。

図6 Building EQ[11]

The Code for Sustainable Homes（CSH）

イギリスでは2007年の政策レポートにおいて、2016年以降、すべての新築住宅はゼロカーボンとすることが提案された。エネルギー性能の基準を、2006年に比べて、2010年には25％の削減、2013年には44％削減するとしている。CSHは、住宅の環境性能向上、エネルギー性能向上を目指したプログラムである（図7）。CSHは、ボランタリーなプログラムであり、イング

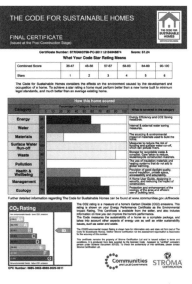

図7 The Code for Sustainable Homes[12]

ランド、ウェールズ、北アイルランドにおいて適用されている。住宅を売却する場合エネルギー性能証書を付けることが義務づけられ、CSHで評価を受けていない場合、エネルギー性能証書では0点となるようにすることでインセンティブが働く仕組みを検討している。

9 2050年の温室効果ガス（GHG）80％削減へ向けて

IPCC第五次報告では、2100年までに地球平均気温の上昇を2℃に抑えるためには、2050年までに全世界のCO_2排出量を2010年比40〜70％削減する必要があり、開発途上国の発展を確保するために、先進国ではさらに大幅な削減が求められている。われわれが関与する都市・建築分野では、住宅・業務部門はゼロ・エネルギー・ビルディング（ZEB）、ゼロ・エネルギー・ハウジング（ZEH）およびスマートシティの実現は必須の条件となっている。ZEHの技術はすでに確立しており、いかに導入し、普及するかが課題である。ZEBについてはアメリカや欧米ではすでに実現しており、わが国での早期実現、普及が望まれる。

〈参考文献〉

1) 『地球温暖化防止アクションプラン特別委員会資料』日本建築学会、2009年6月
2) 「住宅・建築物の環境対策に関する最近の動向について」国土交通省・住宅局、2012年8月
3) 「気候変動に関する政府間パネル（IPCC）第五次評価報告書第一作業部会報告書（自然科学的根拠）」2013年9月26日
4) 「これまでの地球温暖化対策をめぐる経緯」国土交通省、2013年9月5日
5) 「最近における住宅・建築物等に係わるエネルギー・環境対策の動向」堀正弘、都市研究センター
6) 『「低炭素社会にむけた住まいと住まい方」の推進方策について中間とりまとめ』経済産業省・国土交通省・環境省、2012年7月
7) 「エネルギー基本計画（案）」経済産業省、2014年2月25日
8) 「EUのエネルギー新戦略の概要」『ヨーロトレンド』2011年2月号、JETRO
9) 『低炭素まちづくり計画作成マニュアル』国土交通省・環境省・経済産業省、2012年12月
10) http://www.architecture2030.org/2030_challenge/the_2030_challenge
11) http://newsroom.ecocustomhomes.com/?p=7251
12) http://www.leathwaitedevelopment.com/code-for-sustainable-homes-certification/

第2章

サステナブルな都市づくりにむけて

2-1
スマートシティの今日的課題

日本設計　田島 泰

■ 都市づくりにおける変化

　都市づくりにかかわる仕事の領域がここ数年で大きく変化してきていることを、多くの専門家が実感しているのではないだろうか。身近な例をあげると、一つには、都市開発プロジェクトを推進する業種、業態が多様化していることである。これまでコンストラクションに直接的にかかわってきたデベロッパーやゼネコン、設計事務所等に加えて、重電、家電、ハウスメーカーや通信会社、セキュリティ会社、エネルギー事業者等が、一緒になってプロジェクトを推進していく機会が増えた。これは、これまでの都市づくりが「創る」ことを目標としてきたのに対して、都市の運用やマネージメントを重視する時代になり、都市づくりの初期の段階から多くの専門家を巻き込みながら事業を進めていかないと、太刀打ちできない時代になったからである。

　また、プロジェクトのフィールドは国内にとどまらず、海外プロジェクトの数が格段に増えている。国内では、人口減少社会に対応した都市再生が中心的課題であり、新規開発プロジェクトの市場は限られている。一方、アジアを中心とした、人口増加に伴う都市化問題が顕在化している新興国での新規都市開発プロジェクトが増大している。日本の高い環境分野の新技術や、経済成長の時代に培った都市づくりのノウハウは、海外でも高く評価されており、多くの日本企業が海外での都市づくりで活躍している。

　このように仕事の領域が拡大していることを感じるのは、私が建築設計事務所の中で、スマートシティという看板を掲げる部署に所属するようになったことがきっかけではあるが、今の時代の都市・建築分野の置かれている状況や、世界的な都市づくりの潮流を俯瞰してみても、その変化は明らかである。これら一連の潮流の根底にあるのが、「スマートシティ」という都市づくりの考え方である。本章では、スマートシティという概念が時代の潮流の中でどのような位置づけにあるのかを考察するとともに、これからの都市・建築分野にどのような影響を与えていくのか、都市づくりの分野から考えていきたい。

1 技術革新と都市・建築の歴史

　スマートシティという言葉は、時代とともに消えていく一過性のものかもしれない。しかし、これまで技術革新が都市や建築に影響を与えてきた歴史は、誰もが認める事実であり、これからも繰り返されていくだろう。今の時代、都市・建築分野において大きな影響を与えている技術革新は、ICT（Information Communication Technology）と、地球温暖化問題で注目されているエネルギー分野の取組みである。この分野に特化した都市づくりの取組みを総称して、スマートシティと呼んでいる。これらの技術革新がわれわれの生活をどのように変えていくのか。そして、都市や建築の未来にどのような影響を与えていくのかを考えていきたい。

　都市や建築の姿は、国や地域ごとの気候、風土の影響を受け、場所ごとに固有の存在である一方、大きな時間軸で見ると、時代ごとの技術に影響されている歴史がわかる（図1）。土や木、石を用いた時代から、鉄により大規模構造物を可能にした時代への移行や、コンクリート建築による新しい空間表現など、建築を構成している材料は時代ごとの特徴がわかりやすい。また、超高層建築を可能にした技術や構造解析の発達など、構造や安全性の分野の技術開発は、直接的に建築物や土木構造物の形態や性能に影響を与えてきた。都市分野では、モータリ

ゼーションの発達によって道路が都市景観を一変させ、都心は自動車であふれた。高速鉄道の発達は都市の経済圏域を拡大し、地方の都市開発を後押ししてきた。これらはすべて、特定の場所に依存する技術ではなく、広く世界に浸透し、都市や建築の形態や性能を変え、われわれの生活に影響を与えてきたものである。

一方、地球温暖化対策として温室効果ガスを削減する取組みが世界規模で行われており、都市・建築分野における大きな潮流になっている。石炭、石油などの化石燃料から太陽光や風力を中心とした自然エネルギーへの転換や、エネルギー消費の少ない社会への転換等、各種エネルギー対策の取組みが、政府や先進自治体主導で行われている。また、インターネットの発達とコンピュータ処理速度の飛躍的な向上は、われわれの生活環境を大きく変えてきた。これも都市・建築分野に影響を与える大きな潮流として見逃せない。これらエネルギーと通信の2分野の技術開発の展開は、スマートシティと総称され、われわれの生活環境を変えつつあり、低炭素で持続可能な社会を実現していく上で必要不可欠な技術となっている。

新技術の展開が都市・建築分野にどのような影響を与えるのかを考え、これに合った姿を模索することは、それぞれの時代における重要なテーマであった。たとえば、1960年代、丹下健三は自動車による移動を前提とした都市の姿を「東京計画1960」で表現した。今の時代、われわれは、情報やエネルギー革新を前提とした都市を、どのようにデザインしていくべきだろうか。

2 スマートシティの向かう方向

技術革新は、そこに経済的、社会的、環境的価値が創出される方向に発展していく。都市・建築分野においてその潮流を整理すると、図2の通りであり、その流れが向かい行き着く先がスマートシティといえる。人間の生活空間がこの図の「モノ」と「建築」をまたぐ領域にあると考えられる。モノにおける高性能化が生活の

図1 都市・建築分野における技術革新の歴史

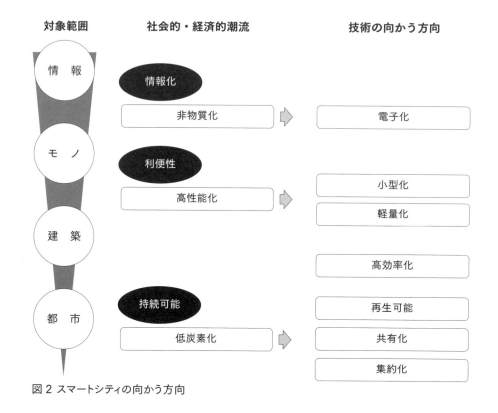

図2 スマートシティの向かう方向

利便性の向上に寄与し、われわれはその恩恵を直接的に受けている。一方、目に見えにくいが、この便利なモノを媒介して、コンテンツを充足していくための重要な要素が情報である。かたちあるものは、電子情報に還元されることによって、時間と空間を超えて便利に活用されるリソースになる。また、建築の集合体としての都市は、サステナブルの概念のもとに、低炭素化の方向に向かっている。低炭素化は日々行われている都市の活動にかかわる運用時の問題であるため、都市をマネージメントしていく取組みが重要となる。エネルギーの効率的な利用の面から考えると、集約化、共有化が進むべき方向となる。このように技術革新の流れは、情報・モノ・建築・都市と一見するとシームレスな流れの中で展開しているように思われるが、都市づくりにおける新技術の受入れはそう単純にはいかない。たとえば、スマートホンのようなわれわれが手にするモノは、基礎研究に始まり試作品開発、製品化、商品化に至るが、その研究開発の過程は、比較的閉じた環境の中で行われる。古い電話機は短期間で新しいスマートホンに置き換わり、忘れられていく運命にある。一方、都市・建築分野における技術革新は、今あるわれわれの生活環境の上にオーバーレイされていくものであり、その地域・風土のオープンな環境の中で展開されている。そこでは当然、新しい価値（技術革新）を受け入れる潮流がある一方で、変わらない価値（地域性等）を守ろうとする逆のベクトルも働き、両者の相克する価値創造の過程の中で実際の都市づくりは進められていく（図3）。

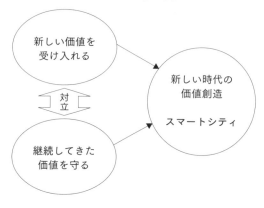

図3 都市づくりにおける新たな価値創造

スマートシティは、これまでの技術革新のように強引に都市の姿を塗り替えていく技術ではなく、地域の継続してきた価値を守りながら、その上に豊かな社会を築いていくための柔らかなツールでありたい。今後、実際の都市プロジェクトの中でこのことを実証していかなければならない時代にある。

3 ICT技術革新によるパラダイムシフト

インターネット革命による情報化の進展は、都市をどのように変えていくことになるのだろうか。自動車の普及が現在の都市に与えた影響は、100年前の都市と比較してみれば一目瞭然である。高速道路網が都心空間を占有し、自動車が街中を行き来している姿は、当たり前の風景となっている。自動車が直接的に都市の構造や土地利用に影響を与えて、変化を促してきた。その結果、われわれの生活は騒音・排気ガス等の負の側面はあるが、自動車による自由な移動を可能とする便利な生活を享受している。技術革新が直接的に都市を変え、その新しい都市がわれわれの生活行動を変化させてきた。一方、ICT技術の展開が直接的に働きかけているのは、賢く選択しようと思う人間の行動に対してであり、都市の形態や構造に直接的に働きかけるものではない。技術が直接的に働きかけている主体が都市から人間に、大きく変わっていることを認識しなければならない（図4）。

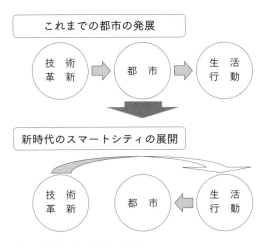

図4 変化を促す主体の転換

一方で情報を直接的に扱ってきた建築には、大きな変化がある。たとえば、本という情報の蓄積倉庫ともいえる図書館は、電子化の進展する時代にあって、蔵書数の多さだけが図書館の格付けを表すことにはならない時代になりつつある。お金という情報も、貨幣という実体のあるものの直接的なやり取りがされるのは世界中のキャッシュフローのごく一部でしかない[*1]。

われわれはICT技術の発達によって、遠くにあって見えなかったもの、エネルギーや気象など直接的に目で見ることができなかったものを、リアルタイムで見ることができるようになった。これを一般に「見える化」と呼んでいる。たとえば、太陽光発電や燃料電池でつくった電気の量が見えるとか、消費エネルギーがリアルタイムで見えることは、省エネの動機づけとなる。「見える化」によって家庭でのエネルギー消費の無駄に初めて気づき、省エネの行動につながる。これはごく小さな変化でしかないが、この「見える化」によって可能になる「新しい気づき」こそが、スマートシティが展開していく原動力である。足りないところと余っているところが隣接していることに気づき、この不均衡を是正することによって創出されるビジネスは、ネットビジネスの基本であり、ICT技術はこの気づきを都市計画の分野にまで拡大した。

たとえば、これまでの土地利用計画や施設配置が非効率であったことに初めて気づく。特に需要追従型でしか考えてこなかった都市におけるエネルギー施設配置の問題は、今後の街づくりの概念を根本から変えていくものと考えられる。

「見えないと始まらない。見ようとしないと始まらない」これは、天体望遠鏡を発明し、その後数々の発見をしたガリレオ・ガリレイの言葉である。図5に示す通り、これまで見えなかったものが技術革新によって見える時代になり、ここで知った知見が新たな価値創造につながることになる。

大航海時代、遠くまで行くことのできる堅牢な船と羅針盤の発明により航海術が発達し、新大陸が発見された。この時代、距離が離れている異国は大きな価値であり、異国との貿易によって都市が繁栄した。今の時代、距離は支配的な価値ではなくなり、情報につながっているかどうかが重要になる。貿易によって物品や産物を交換し、そこから生み出された価値により都市が繁栄してきた時代に代わって、情報を相互交換することによって、生活の利便性や賢い行動選択を獲得できることが新しい価値となる。

　新しい気づきによって変わっていく都市づくりの一例を示すと、以下のように整理される。

共有による合理化

　これまで個別に所有していたものを共有することによって合理化する流れ。経済的な価値や低炭素化等の環境価値を生み出すことが期待される（図6）。

相互関連性の気づき

　地球温暖化は温室効果ガスを排出してきた人

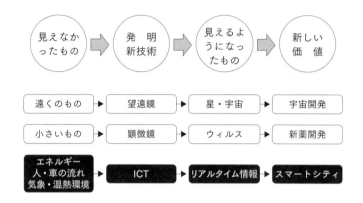

図5 「見える化」によって生まれた新しい価値

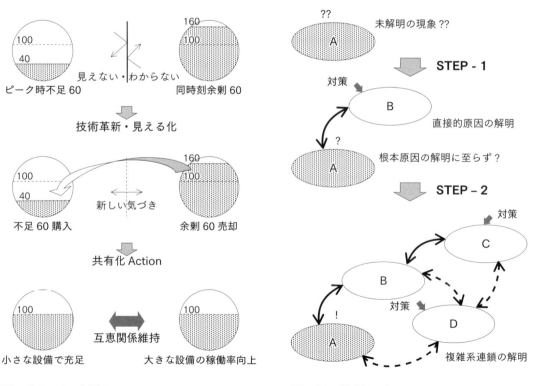

図6 共有による合理化

図7 相互関連性の気づき

間の活動に起因しているという気づきが、今世紀最大の人類の気づきであろう。一方地域レベルで見ても、都市活動に起因する廃熱や、都市化によるヒートアイランド現象が地域の気象に与えている影響を科学的に知ることができる時代になった（図7）。

＊1：このような情報革命による都市・建築の変容については、ウィリアム・ミッチェルの『シティ・オブ・ビット』に詳しい。

〈参考文献〉
1)『シティ・オブ・ビット』 ウィリアム・ミッチェル著、掛井秀一、田島則行、仲隆介、本江正茂訳、彰国社、1996年
2)『サイバネティクスの時代』 フレデリック・フェスター著、倉又浩一、家村睦夫訳、啓学出版、1980年
3)『ラダック 懐かしい未来』 ヘレナ・ノーバーグ・ホッジ著、「懐かしい未来」翻訳委員会訳、山と渓谷社、2004年
4)『2050年の世界 英「エコノミスト」誌は予測する』「エコノミスト」編集部編、船橋洋一解説、東江一紀・峯村利哉訳、文藝春秋、2012年

2-2
スマートシティの国内での展開

日本設計　田島 泰

これまでスマートシティが時代背景の中でどのような位置づけにあり、どのような価値を生み出そうとしているのか、その概要を述べてきた。ここでは、国内で具体的に展開している事例について、総括的に述べていきたい。

1 グリーンイノベーション

グリーンイノベーションは、環境分野の新規産業育成やこれに伴う雇用創出というバラ色の内容であるため、国の内外を問わず、政権の施策提言として利用されてきた。先進国においては、停滞する経済を刺激するカンフル剤として、また新興国では、都市化に伴う諸課題を解決するための環境都市づくりの整備手法として使われている。

日本では、2010年6月に政府より示された「新成長戦略」が、鳩山政権時代から続く関連する政策提言を総括する内容となっている。成長のための21の提言の最初にグリーンイノベーションが掲げられており、再生可能エネルギーの固定買取り制度や環境未来都市、森林・林業再生プランが進められた[*1]。今、産業界全体がスマートシティの取組みで活況を呈しているが、その根底には、グリーンイノベーションが包括している産業界の領域の幅の広さと、アジアをはじめ、新興諸国の都市づくりへの巨額の投資予測が背景にある。

2 新興諸国への環境ビジネス展開

同じく政府新成長戦略の柱の一つに、アジア経済戦略が掲げられている。日本の優れた環境関連技術を多分野の企業が連携して、パッケージで海外に展開しようとする動きである。経済産業省の支援する「スマートシティ・コミュニティ・アライアンス」、国土交通省の支援する「(社)海外エコシティプロジェクト協議会」、また2014年10月設立の「(株)海外交通・都市開発事業支援機構」など、企業群がアライアンスを組んで海外進出に取り組んでいる。すでに、アジア新興都市の複数の街づくり支援や都市選定作業が進められており、今後の動向が注目される。

日本のニュータウン開発における都市づくりの経験と反省の上に立って、新たな技術革新に基づく総合的な街づくりのビジョンをどこまで描けるかが鍵となる。

3 京都議定書以降の CO_2 削減

成長戦略以前の日本の環境政策の柱は、京都議定書（1997年）以降の温室効果ガス削減プロセスにある。「地球温暖化対策の推進に関する法律（温対法）」（1998年）によって基本方針が定められた後、新実行計画[*2]により、都道府県や指定都市等における温室効果ガス削減目標の策定が義務化された。これに伴う技術的支援策として、CO_2削減量算定のためのガイドラインが整備されている[*3]。日本は京都議定書の第二約束期間には参加しないことを決定しているが、国連気候変動枠組条約下の「カンクン合意」に基づき、引き続き国全体としての低炭素化への各種取組みは、粛々と進められている状況にある。

自動車による移動を前提とした機能分散型の都市よりも、公共交通利用を前提とした機能集約型都市のほうがCO_2の排出量が小さいという試算結果もあり、低炭素型都市づくりへの誘導は、人口減少時代に適した縮小型都市構造（コンパクトシティ）の形成と軌を同じくする流れにある。2014年8月、都市再生特別措置法に基づく立地適正化計画制度が施行され、集約化に向けた取組みが加速されている状況にある。しかし、集約型都市形成の理論は、都心地区にお

ける特区指定等、高容積街区の形成を後押しする理論にはなりうるが、一方の郊外部における縮小される側の事業論は残されたままの課題となっている。

4 自治体環境都市づくり

低炭素街づくり事業への政府支援やICT関連の技術開発が進展するのと同時に、これを具体的に展開するプロジェクトの実例が必要となる。「環境モデル都市」(2008年)や「環境未来都市」(2010年)は、地域の創意工夫によるスマートシティの実例を増やす試みである（図1）。

一方、新実行計画による自治体の低炭素化施策は、先導的都市環境形成促進事業等の支援を受け、実行計画が定められつつある。従来の自治体施策の幅広い分野において、新たに低炭素化の視点が加えられ、削減量を数値化した目標として取り組むことや、削減量に関する年次報告義務がある。

自治体の中でも東京都の低炭素化への取組みは、成長する都市を制御する制度論において、時代を先取りする動きとなっている[*4]。

5 企業先導型環境都市づくり

自治体が支援する環境街づくりモデル事業の取組みに共通した傾向として、企業群とのアライアンスを組んで推進していく体制づくりがある。従来の街づくりの主導的立場にあったデベロッパーに加えて、重電、家電、ハウスメーカー、通信会社、エネルギー会社等が主導する企業先導型の街づくりの事例が増えていることは、本章の冒頭で述べた通りである。これはスマートシティの取組みがICT技術等の技術革新を背景としているため、ハード先行の従来型の取組みだけでは対応できなくなっており、エネルギー、交通、インターネット活用等、運用段階での取組みを想定した包括的な取組みが、街づくりの初期段階から必要になった結果である。

横浜市
- ヨコハマスマートシティプロジェクト（YSCP）による社会実証の推進
- 市民参加 **4,200世帯**を対象にした大規模なエネルギーマネジメント
- MM21/港北NT/横浜グリーンバレー地区を中心とした、**既成市街地へのシステム導入**
- 低炭素交通プロモーションの実施（超小型モビリティ等）

豊田市
- 住宅に太陽光発電と燃料電池、ヒートポンプ、蓄電池、次世代自動車（ハーモライド）を導入。消費エネルギーの**6割超の自給**を目指す
- 生活の質を快適に維持したまま、生活や移動によるCO_2削減を最大化
- とよたエコフルタウンを通じた情報発信

京都府けいはんな
- 家庭、ビル、EVを結び、電力系統と必要な情報連携を行うとともに、「ローカル蓄電池」制御等により**再生可能エネルギー活用の最大化達成**
- 学研都市から生み出される先進技術「オンデマンド型**電力マネジメントシステム**」や「**電力カラーリング**」（仮想化技術）の実証

北九州市
- **工場群にある廃熱や水素を民生利用**するとともに、建物間の電力融通など、地域エネルギーを有効活用するエネルギーマネジメントを実施
- エネルギー需給状況に応じて電力料金を変動させる**ダイナミックプライシング**を実施するとともに、家電機器等の制御を行う
- アジア低炭素化センターを中核とした技術輸出ビジネスによる地域経済の活性化

柏市
- 官民学連携による社会実験により、地域全体の発電量・受電量・消費電力量を一元管理する**エリア・エネルギーマネジメントシステムを構築**
- 低炭素法に基づくまちづくり指針の策定
- CASBEE柏による環境配慮建物の誘導

図1 主な自治体の環境街づくりの動向（2014年現在）

各企業は、それぞれの分野において、製品販売やサービス提供を通じて顧客と直接結びついており、行政主導の街づくりよりも生活者に近い視点にある。これからの生活がどのように便利になるのか？　その結果どのように豊かになるのか？　スマートシティの取組みが都市に与える付加価値のビジョンを提示できるのは、企業先導型の環境街づくりである。

6 地方都市での低炭素街づくり

ここでは、地方中核都市における計画事例を紹介する。連続立体交差事業による大規模な交通基盤施設の改善と合わせて、駅前地区で土地区画整理事業が実施されている地区である。この面的な整備が実施される機会に合わせて、街づくりの初期の段階から導入できる低炭素化対策を実施し、地方都市の低炭素街づくりの先導的なモデル事業とするものである。図2に各種施策のCO_2削減量を示しているが、交通対策や緑化対策と比較して、建築物での対策によるCO_2削減量が極めて大きいことがわかる。

施策を検討する際に課題になったテーマは、低炭素化施策がいかにその地方らしさを表現できるか、ということである。スマートシティの推進を考える上で重要な論点である。太陽光や太陽熱等の再生可能エネルギーは、気象条件の地域差はあるものの、場所固有のエネルギーではない。風力発電は、安定した風力を得るには太陽よりも場所を選ぶが、これも地域性と直接につながるものではない。ここで地域固有の低炭素化施策として掲げた内容は、その地区の歴史、文化に根づいて点在する観光資源間の移動における低炭素化（脱自動車施策）や、ICT活用による情報化の観光施策への展開である。また、いかにして地形的な特徴を強化してネットワーク型の緑地を誘導し、地域風を都市内部に引き込み、ヒートアイランド現象を緩和するかという地域全体のマスタープランへの寄与である。

これらはいずれも、その地域らしさを引き立てるための施策であり、スマートシティが本来目指すべき方向ではないだろうか。

7 都心部でのBCP（Business Continuity Planning：事業継続性）対策

東京都心地区におけるスマート化の流れは、東日本大震災を契機としたBCP対策が中心であ

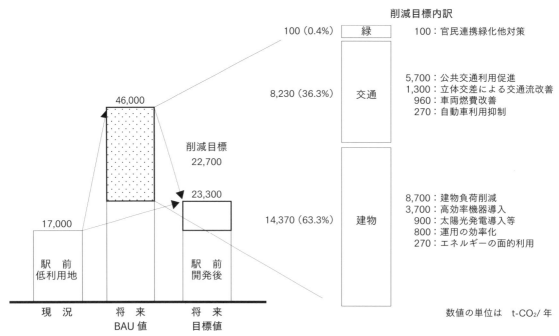

図2 都市の低炭素化方針

る。都心部のエネルギー供給は電力依存傾向が強いが、非常時の脆弱性が露呈した現在、CGS[*5]を導入した自立分散型電源を確保しようとする動きが活発化している。CGS効率を高めるため、ビル単独での導入ではなく、周辺地域を巻き込んだ新しいエネルギーコミュニティ形成へと進展している。

田町駅東口北地区では、太陽熱や地下鉄トンネル湧水等の未利用エネルギーを活用しながら、分散電源を導入した上で、複数プラントを連携して相互補完しながら、周辺建築物へのエネルギー供給を実施する計画である。BCP対策としての安定的なエネルギー供給が可能な上、一般型の個別建物エネルギー利用と比較して45％のCO_2削減効果があると試算されている。また、日本橋室町三丁目地区では、都市ガスを燃料とした大型のCGSによって特定電気事業を行い、東京電力の系統電力と併用して、熱と電気を供給する事業を推進している。既存街区を含めた建物総床面積約100万㎡に対して熱と電気を送り、エリア全体の省エネおよびCO_2削減効果は約30％と試算されている。

*1：その後の安倍政権による日本再興戦略では、グリーンイノベーションというキーワードは消え、金融・財政政策と連動して新たな成長戦略を進めるシナリオとなっている（いわゆる3本の矢）。スマートシティ関連では、産業競争力を強化する目的で、電力システム改革や世界最高水準のIT社会の実現、世界市場を視野に入れた国際展開の促進などが示されている。

*2：「地球温暖化対策の推進に関する法律（温対法）」20条の3に基づく、地方公共団体の責務。

*3：「地球温暖化対策地方公共団体実行計画（区域施策）策定マニュアル」（環境省：2009年6月）、「低炭素都市づくりガイドライン」（国交省：2010年8月）。

*4：「地球温暖化対策計画書制度」（2002年）や環境確保条例改正による「温室効果ガス排出総量削減義務と排出量取引制度」いわゆるキャップ・アンド・トレードの実施（2008年）。

*5：CGS（Cogeneration System）：熱併給発電
内燃機関、外燃機関等の排熱を利用して、動力、温熱、冷熱を取り出し、総合エネルギー効率を高める新しいエネルギー供給システムのこと。

〈参考文献〉
1)『グリーン経済最前線』井田徹治、末吉竹二郎著、岩波書店、2012年
2)『欧州のエネルギーシフト』脇阪紀行著、岩波書店、2012年
3)『低炭素経済への道』諸富徹、浅岡美恵著、岩波書店、2010年
4)『自治体のエネルギー戦略』大野輝之著、岩波書店、2013年
5)『都市のリ・デザイン』鳴海邦碩編著、加藤恵、角野幸博、下田吉之、澤木昌典著、学芸出版社、2002年

2-3
スマートシティのデザイン

日本設計　田島　泰

ここではスマートシティのデザイン論について述べるが、以下の2点を前提としている。

第一に、スマートシティの概念についてである。スマートシティは、スマートグリッド等ICT技術の導入を前提とした街づくりから、エネルギーシステムを主体としながら、交通、建築、緑分野等を統合した都市づくりの概念までと幅広い。定義を厳密化すること自体が本稿の目的ではないため、ここで扱うスマートシティは、後者の幅広く一般的に使われている概念とした。

第二に、デザインで扱う対象の範囲である。環境建築のデザイン論であれば事例も豊富であり、論としての体裁が成立しうるが、そもそも都市づくりにおけるデザイン論自体が曖昧である上に、スマートシティと呼べる都市の事例が少ない状況の中で、デザイン論を述べることには多少の無理がある。しかし、ここでいうデザイン論は、ものの寸法や材料の選択等、かたちにかかわるデザインではなく、建築家やデザイナーがデザインする以前の計画段階で、緩やかにかたちを規定する要因を含めて、広義にデザインの概念をとらえている。

日本をはじめ、世界各地で今まさにスマートシティに関する都市計画が模索され、さまざまな提案がされつつある。この時期にあえて、デザイン論からスマートシティを語ることは意味のあることである。

1 都市のパッシブデザイン

環境建築の原点がパッシブデザインであるのと同様に、都市においても、各種環境技術を導入する前に都市自体がパッシブであることが重要である。都市のパッシブデザインとは、都市の環境を都市のある地域の気候本来の自然な状態に近づけることであり、ヒートアイランド現象等、都市化の影響を最小限に抑えることである。

都市化現象を熱エネルギーの観点から考えた場合、これは、都心の中心的活動領域であるCBD地区等「熱発生地区」と、一団の緑地や水域等、都市化領域と比熱特性の異なる「熱吸収冷却地区」との最適配置がテーマとなる。都市計画のマスタープラン策定段階から、これらの2色に色分けされたゾーンを複数分散させながら、効果的に都市を自然な状態に戻すことが重要である（図1）。

また、都心地区や産業エリアを「エネルギー消費地区」と考えた場合、これと対をなすエネルギーを生み出す「創エネルギー地区」との最適配置がテーマとなる。未利用再生可能エネルギーまで含めて「創エネルギー地区」とすると、これまで迷惑施設と考えられていた清掃工場や下水処理場は、排熱利用の見込める創エネルギー施設であり、エネルギー消費地区と近接して配置したほうが合理的である。

都市計画におけるエネルギー施設は、これまで都市活動を支える裏方でしかなかったが、上記観点を考えると、都市のマスタープランを考える上でその配置計画は重要である。

2 エネルギーコミュニティの構築

日本の都市計画における地域地区は、住工分離を原則とした体系となっている。住環境を守るための専用性と危険物等を扱う工場の専用性を高めた用途地域が両極にあり、双方の環境を保全することが目的とされている。

一方、単一用途の街の弊害も指摘されており、地上げによりコミュニティの崩壊した業務地区への住宅誘導や、住宅と軽工業、小規模商業施設等との複合地区の形成等、豊かな都市型生活を実現する立場から用途複合が進められて

いる。

　用途複合をエネルギー利用効率の観点から見直すと、新たな複合の可能性が見えてくる。平日のエネルギー利用の中心となる業務施設と休日のエネルギー利用の中心となる商業施設との連携や、昼間の熱利用の中心となる福祉系施設と夜間の熱利用の中心となる住宅やホテル等用途との連携などが考えられる。全体として投資する設備機器の稼働時間が長くなるため、設備償却年数が短くなり経済的メリットがある上、個別で設備を持つより空間的な合理性があり、CO_2削減効果も高い。

　効率的に補完し合いながらエネルギーを融通し合う新たなエネルギーコミュニティの構築は、新市街地形成の重要なテーマである。

3　街区設計への応用

　太陽光・太陽熱利用を地域規模で効率的に進めるためには、街区設計（敷地設計）段階における配慮が必要である。街区設計とは、言い換えれば、道路や公園等の公共用地配置の設計であり、それは、建物用途に応じた適正規模の街区の確保と、日照条件を考慮した方位に対する街区配置の設計である。

　効率的な太陽光（熱）利用のためには、街区（敷地）の長手方向の主軸を東西方向に揃え、建築の棟方位を規定し、太陽に従順に従うことになる。地域全体の総量として、太陽エネルギ

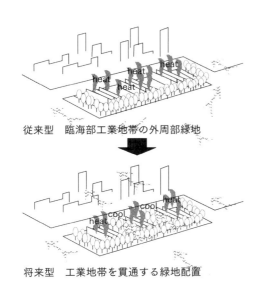

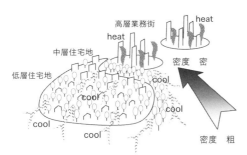

図1　都市のパッシブデザインの例

一享受を最大化するためには、全棟南面の屋根勾配となる。ただし、この単一理論だけでは全体計画として単調になるため、効率性を大きく落とさない範囲での街区方向の振れや、緑地の適正配置等の工夫が必要である。フィンランドの「エコビッキー」（図2）やオーストリアのリンツにある「ソーラーシティ」（図3）のマスタープランは、太陽の運行との関連を暗示させる優れたデザインではないだろうか。

また、街区背割り線上に通抜け通路を確保するなど、街区北側敷地への日照確保の工夫も、地区全体でのエネルギー効率を高める上で効果的である。

前述したエネルギーコミュニティの形成は、今後街区設計にも影響を与えるものと考えられる。電力システム改革による小売り全面自由化を直近に控えるなど、エネルギー分野におけるさまざまな自由化が進む中、エネルギーの共有による効率化を考えると、複数敷地での需要家のまとまりが考えられる。そのため、住宅地（戸建）における敷地設計は、適正規模のエネルギーコミュニティのまとまりへの配慮が、設計段階から必要となる。これらコミュニティのまとまりが街区規模を決定する要因になり、スマートシティのマスタープランを変えていくことになる。

4 屋根に着目した形態制限

太陽エネルギーを最も効率的に享受できる用途地域は、建物の絶対高さ制限の定められている第一種低層住居専用地域である。絶対高さの制限の他、建蔽率制限、厳しい日影規制や高度地区制限が定められ、日照確保に有利なためである。

しかし、一般市街地内での非住居系地域における十分な日照は、法的には守られていない。日照条件の良い場所に高額投資してPVを設置しても、南側に立地する施設次第で大幅に発電効率が落ち、当初計画が台無しになる例も多い。一般市街地における太陽エネルギーを保証するためには、今後は、PV（太陽光発電パネル）が設置される屋根面相当高さ（たとえば高さ20m程度）を受影面とした日照確保制限を設けるなど、法制化が検討されてもよい。

また、現在の日影規制は、平均地盤面高さの設定や高低差のある敷地間（北側敷地が低い場合の南側敷地に対する制限）での規準、申請建物の単体日影評価でしかないことなど、建築する側に有利な規準になっている。スマートメーターの設置により、PV発電量を正確に測定することが可能な時代にあって、同じ地区内での同一条件下の発電量の違いも明らかになってくる。現行の日影規制もエネルギー利用の観点からは、厳密に評価すべきではないだろうか。

太陽エネルギーを敷地単位で効率的に確保する手段の一つに屋根面の共有化があり、集合住宅屋上に設置された太陽熱利用施設を共有する試みが各地で行われている。同種の取組みが普遍化し、今後、屋根は公共物として、道路等のインフラと同様にトータルデザインを行うべき対象と考えた場合、建築デザインの方向は大きく変わっていく可能性がある。敷地所有権の概

図2 エコビッキー

図3 ソーラーシティ

念は地上から地下に及ぶ絶対的な権利であるが、敷地に降り注ぐ太陽エネルギーにまで権利の範囲が及ぶのだろうか？　太陽エネルギー利用は公共の福祉を目的とし、エネルギー受影面である屋根の利用権を私的所有から切り離すことは、今後のサステナブル建築を推進していく上で、一考の価値がある。

〈参考文献〉
1)『日本はなぜ縮んでゆくのか』古田隆彦著、情報センター出版局、1999年
2)『組織行動のマネジメント』ステファン・P・ロビンス著、高木晴夫監訳、ダイヤモンド社、1997年
3)『成熟のための都市再生　人口減少時代の街づくり』蓑原敬著、学芸出版社、2003年
4)『都市のデザインマネジメント　アメリカの都市を再編する新しい公共体』北沢猛、アメリカンアーバンデザイン研究会著、学芸出版社、2002年

2-4
情報革命とスマートシティ

都市設計ネットワーク　山田 雅夫

1 高付加価値型の就業者が特徴の現代都市

　ここでは、都市の未来像を2050年に設定する。ICTによる技術革新のスピードが、あるものは著しく速く、またあるものは思ったほどの進化を遂げていないかもしれない。そのため、どの程度まで社会の産業構造に変質をもたらすかの見極めがかなり難しい。

　通常、都市モデルの構造を理解する上で、就業者に着目する昼間人口を重点的に考えるか、それとも居住者をもとにした夜間人口を中心に考えるかの、二つの大きな選択肢がある。前者は都市産業の側面を強く反映し、後者は生活環境や医療、福祉といった側面を強く反映することはいうまでもない。

　低炭素型の社会がどのような都市モデルに向かうかは、産業構造および生活環境の複合的な影響の産物になるであろう。後者は比較的類推しやすく、多くの知見が発表されている。前者については、都市産業の担い手としてとりわけ期待される、ナレッジワーカーのイメージを先鋭にとらえて考察してみたい。都市のコンパクト化の動向にもつながる深いテーマだからである。

　現代都市を特徴づけるものは、高付加価値型の就業者の集積であろう。彼らは企画、営業、情報、金融、研究開発、デザイン、映像などの分野に典型的な、高度の専門性とクリエイティビティを有し、都市型産業といわれる新しい事業を開拓し、雇用を創造する。

2 ナレッジワーカーが都市から離脱する可能性

　このようなナレッジワーカーは、全国的な尺度で見れば東京などの巨大都市に集中しているだけでなく、同じ東京でも、都心などのかなり限定的な区域に集積している。業種にもよるが、集積パターンはモザイク状であり、結果的に広がりとしては意外なほどコンパクトであるといえる。仮にナレッジワーカーなどが今後も都市の魅力を牽引すると仮定すれば、その集合体は物的空間として、かなりコンパクトになる可能性が高いという類推が成り立つ。

　一方で、ICT革命の本格的な具体化が進むと、正反対の現象が起こりうることにも留意すべきであろう。高付加価値型の就業者の特徴として、基本的にハードな設備などには拘束されない。むしろ重視すべきは人間同士の創造的な触発であり、議論と交流の場である。現在までのところ、こうした知的交流の場を共有する必要があり、それが制約要因となっている。

　もし、人が相互に、情報を空間的にもリアルタイムで共有できる情報環境が本格的に整備される時代が到来すると、どうなるであろうか。2050年という時代設定には、この情報革新をもたらしてくれる可能性が少なからずある。

　具体的には、仮想現実感の技術がコスト、性能などのレベルで、個人でも容易に享受できる時代になっていることを意味する。仮想現実感はバーチャルリアリティとも訳されるが、リアルタイムの双方向の情報が距離を克服してやり取りされるため、個人の居場所の制約が著しく取り除かれると考えられる。とりわけナレッジワーカーにおいては、就業地あるいは居住地の制約をおそらく無にするほどのインパクトを与える可能性がある。当然ながら、個人に帰属する情報発信ツールはウェアラブルになっているであろう。こうしたイメージが具体化した場合、今まで最も都市型らしかった産業の担い手が、都心部などにこだわる必然性を失う。巨大都市の最も魅力的であるはずの部分が空洞化するかもしれない。それはコンパクト化ともいえるが、一般に言われているような縮小化とは同

列ではない。

3 ICT革命と都市のモビリティによる負荷

ナレッジワーカーに本質的な変化をもたらす前提で議論するならば、広く一般に就業者全般について、居住地との通勤あるいは通学のパターンをも大きく変質させる可能性がある。たとえば、学生が教育機関の所在地の環境と同等の情報空間を自宅の1室に構築することは十分にできているであろう。仮想現実感の概念は、離れた複数の場所でのリアルタイム情報を共有できることを意味する。もちろん、従来型の通勤形態も意味を失うことになる。仮想という言葉は、実在する情報空間が一つあり、それとは別に、仮想ながらもリアルと同等の空間が用意されることである。ICTが革命をもたらすとすれば、まさにこうした仮想現実の情報空間を、個人レベルで獲得できる時代が到来するということである。

極論すれば、ルーティーンの通勤および通学のパターンをもはや必要としない人がかなりの比率にまで高まる可能性がある。自宅から職場、学校などへの通勤、通学のモビリティ量が著しく下がるわけであり、都市構造は大きく変化する。エネルギー負荷の低い交通手段へのシフトも可能になるであろうから、モビリティの総量を大きく下げることができる。このように、2050年という時期に対し、期待を込めたICT革命の成果を反映させるならば、都市活動のモビリティを劇的に下げることは決してありえない話ではない。

とはいえ、東京などは高次の都市機能の集積地である。そこにある数多くの大学や専門性を持つ医療機関などは、安心をもたらす魅力として今後も人々を引きつける、という議論もなされる。しかしこれも、期待を込めて今後の仮想現実感の著しい進展を前提にすると、かなり様相を異にする。1例をあげれば、患者と医師とが物理的に離れた場所にいても、あたかも目の前で行われるのと同じ診察や診断を受けられるのである。高度な手術ですら、遠く離れた場所の医師による遠隔操作で受けられるに違いない。

空間と時間を克服する技術がICTの本質である以上、仮想現実感がさまざまな領域で真価を発揮できる時代が到来すると、現在の当たり前のことはもはや当たり前ではなくなる。必要性の薄いモビリティは相当に低減できると考えられ、その結果生れるであろう時間を利用した、別のさまざまな活動へと、人々の行動様式が大きくシフトするであろう。少なくとも、低炭素型社会への移行を大きく支えそうだといえる。

4 自然の中に溶け込むような中小都市

諸外国では、ゼロから都市づくりを行える条件の都市も少なからず存在する。しかしわが国の都市では、自然的、交通的、あるいは地形的要因などから、まったくゼロから都市をつくるということは21世紀においては現実味を帯びない。むしろ、地域や風土に根ざした、歴史や伝統に裏づけられた都市が輝く時代になっているはずである。そのような条件下では、既存の都市のいくつかが、21世紀に求められる付加価値をうまく取り込むことにより、魅力をさらに高めていくに違いない。その場合、創造型の職種にとって、第一級の自然とのふれ合いの濃密さが、今以上に高い評価を得る可能性がある。

たとえば首都圏の都市ではないが、密接な関係を構築しやすい都市ということでいえば、松本市や金沢市、富山市などが候補になろう。いずれの都市も、第一級の自然的環境が都市から驚くほど近いところに展開している。また都市自体の伝統的、歴史的な厚みも非常に魅力である。これらの付加価値は、今まで以上にナレッジワーカーを引きつけるのではないか。ただし、今のままの延長でそれが実現するとは思えない。金沢市についていえば、空港とのアクセスが現状では芳しくない。少なくとも市の中心部から15〜20分でアクセスできる位置に新空港を整備すべきだろう。松本市については、鉄道系の社会基盤が現時点でまだ脆弱である。

ここにあげている例は小都市ではなく地域の中核都市であるが、小都市であっても、社会基盤や都市機能の集積により、都市型産業の人材を引きつける都市もいくつか登場するであろう。都市の規模が小さいことは都市サービスの提供の点では圧倒的に不利となるが、きらりと輝く小都市となるチャンスは十分にありうる。なにしろ、一つだけ、圧倒的な強みを発揮できればよいのである。

　以上の都市の姿に照らし合わせた場合の、建築のありようはどうであろう。第一級の大自然との濃密な関係を保てる人工環境という点では、自然環境をありのままに受け入れる思想に基づいた環境構築が求められるであろうが、バリアフリー環境などの強力な推進にプラスとなることが条件となろう。それはきめ細かい配慮を市街地環境だけでなく個々の建築空間にも要求し、建物相互を結びつけるさまざまな工夫を、今以上に具備する姿を予想させる。

2-5
座談：スマートシティの時代の都市計画・制度

都市づくりパブリックデザインセンター　**小澤 一郎**、フロントヤード　**長谷川 隆三**
キュービックエスコンサルティング　**石川 道雄**、計量計画研究所　**須永 大介**、司会進行／日本設計　**田島 泰**

　ここでは、スマートシティについて都市計画の観点から掘り下げていくため、まちづくり、エネルギー、交通分野のご専門の方々にお集まりいただき議論した。東日本大震災を契機としたエネルギー施策の転換が、都市や建築をどのように変えていくのだろうか？　特に技術革新の著しいICT技術の影響は？　人口減少時代のコンパクトな市街地形成の問題などもスマートシティと関連している。都市計画の幅広い話題から建築のあり方まで議論が及んだ。

都市にとってのエネルギーの問題

田島：まずは、都市計画学会等において、低炭素まちづくりについてさまざまなご提案をされてきた小澤さんから、都市とエネルギーの問題について解説していただけますか？

小澤：人口減少の時代に都市を再構成していくためには、再構成するための錦の御旗というか、社会的な必然性が問われるわけです。都市計画は社会的な課題に対して空間計画を通じて解決していくことが使命ですから、需要が伸びて人口増があり、産業活動が活発で需要がたくさんあるときに、その需要に対して空間的なサプライをどのように制度化して計画的に進めていくかという場合、それは一つの見えるかたちで、誰もが皆「そうだな」と思うわかりやすい構図です。しかし、これから街をたたむとか、街のありようを変えていく場合には、それが社会にとってどのような意味があるのか、どのようなことを要求しているかということが今まで以上に問われてくるのです。

　そこに、低炭素化・環境・エネルギーの話が出てくるわけです。低炭素化の話に関していえば、これは日本の社会だけでなく世界全体で低炭素化に向けた方向があるので、少なくとも総論はわかる、「そうだね」ということになります。

　ところがエネルギーに関しては、低炭素化ほどは理解が十分にされていません。されてないという意味はどのようなことかというと、ただ足りなくなってきたからとか、原発が使えなくなってきたので火力発電所で一生懸命やろうとか、電力がタイトになってきたのでICTを使い省エネ化の推進をして、いわゆるスモール・スマートシティ論のような話が出てきます。エンドユーザー、一般の市民からいうと、スモール・スマートシティというのは何だかよくわからないのではないでしょうか。

　エネルギーの話については、もう少し整理が必要なのではないか。要するに、地域・都市という政策の視点からエネルギーを考えるべきであり、エネルギーと国土とか、エネルギーと地域、エネルギーと都市ということに関連した視点で、どのような価値観を持って何をやっていくのかということの整理がされなければいけないわけです。

　ところが、今、エネルギーの話というのは、とにかく需要と供給をどうやってマッチングするかという話とか、供給がタイトだからいかにスマート化をするかという技術的な話にいってしまっています。しかし本来、その上流部としての、社会とエネルギーに関してのこれから行動すべき価値観の整理が必要だと思います。エネルギーというのはこれから、地域にとっても非常に重要な地域政策上のテーマになる得るわけです。

　今、いわゆる地域エネルギー政策が求められていると思いますが、そこの部分についての政策がきちんと描かれている自治体はありません。地域エネルギーデザインをこういう視点で、こういう価値観を持ち、こうやって進めて

小澤　　　　田島　　　　長谷川　　　　須永　　　　石川

いくぞという全体像が示されていません。

田島：そのために、小澤さんは自治体向けのマニュアルが必要であると言われているのですね。

小澤：日本都市計画学会と日本建築学会が一緒になって、このような活動を展開していかなければなりません。技術的な話でいえば、今のスマートシティは電気の話ばかりですが、スマートシティという以上は、電気と熱についての望ましい組合せが検討され、ビルトインされていることが必要です。また、地域の未利用・再生可能エネルギー資源がきちんと使いこなされていることが盛り込まれていることも重要です。

長谷川：3.11以降の論点の話で、もう少し実務的な都市づくりをどう受け止めていくのかというようなことを考えたときに、キーワードとしては、都市経営なりエリアマネージメントが重要だと思っています。

たとえばエリアマネージメントでいくと、今までのエリアマネージメントはどちらかというとソフトなイベント活動などをやってきたわけですが、エネルギーとか防災というところをエリアマネージメントのテーマとしてどう活動を展開していくのか、というのは都市づくりの中で問われている重要な点です。それをしないと、エリアマネージメント自体の存続基盤というか、基盤の確立にもつながらないので、必要になるのです。地区レベルでエネルギーを管理するということが分散型システムでは必要になってくるので、エリアとの親和性も非常に高いのです。

2013年の冬にドイツに視察に行ったときに、ドイツでは都市サービス公社、エネルギー公社のようなかたちで、自治体がエネルギーの供給主体として動いています。彼らは何も電力だけでなく上下水道もやっているし、廃棄物も、交通もやっている。一体的にインフラを扱っていくというところが、まさに都市経営です。そのような地区レベルでのエリアマネージメント、また都市全体の都市経営という視点が必要だと思います。

田島：確かに、エリアマネージメントの中での防災とエネルギーの問題は、あらゆる地域で課題になっています。私のかかわっている横浜でも、北九州でもそうです。あらゆるところでそれがテーマになっています。今後もますます重要なテーマだと思います。

コンパクトな市街地

田島：小澤さんの冒頭の話にありました、いわゆる都市をコンパクトにしていくという問題がスマートシティの根底にあると思います。コンパクトな都市はたぶん低炭素だと思いますが、低炭素な都市が本当にコンパクトでなければいけないのか。

小澤：低炭素イコールコンパクトというのは違います。

田島：違いますね。そこがどうも誤解されている様子が、いろいろな都市で見受けられます。必ずしもコンパクトだけが低炭素型都市の姿ではなく、もっと多様であるべきなのに、それが変に誤解されていて、都市はコンパクトでなければいけないという傾向があります。低炭素とコンパクトの話について、小澤さんからひと言いただければと思います。

小澤：大都市と地方都市を分けて考えないといけないと思います。やはり根っこのところは地域経営論があり、行政コストの削減という国の方針があります。行政コストの削減というのはあるけれども、もう一つは先ほど言いました、エネルギーを含めた市民、地域の居住者の安

心・安全の話と、それから地域経営からいえば、エネルギー政策を地域政策としてどのように打ち出すのかということにつながります。

そうすると、たとえば地方都市とか大都市郊外に、典型的な集落が点在する部分がたくさんある。それを強引に集めるのが低炭素でありコンパクトシティというのかというと、全部が全部そうではありません。そういう状態の中で、たとえば地域が自然エネルギーで全部賄えれば、それはそれでいいわけです。

そうすると、その当該地域としては地域経営上、行政コストの削減だけではなく、エネルギー政策の実現の問題でもあります。エネルギー政策は、地域に存するエネルギーを使うということに伴う低炭素化の話と、地域の活性化、地域ビジネスの創出と、いろいろなものにつながってきます。そういうものがきちんと描かれていて、それを一つ一つの集落の単位で実現していこうというシナリオだってあり得るわけです。

もう一つは、コンパクト化に向けてはやはり中心市街地へというのはありますが、一方で、日本はローカルでも結構、鉄道網は発達しています。これをもっと使いこなすという点で考えていくと、鉄道沿線に分散してもかまわないわけです。中心市街地に全部集まる必要はありません。いろいろな意味のコンパクトシティ化とか低炭素化ということに関連しても、何か紋切り型で金太郎飴的な単一的発想で猪突猛進するのではなく、全体像のグランドデザインがきちんとされていないと、現場は混乱するということです。

そこで問題になるのは、結局、地方自治体でそういうことを地域政策としてまとめ、地域エネルギーデザインもしっかり描くという場合に、それを誰がやるのかということになります。その場合に、一般には企画部門あるいは政策立案部門、場合によっては環境部門でしょうか。都市計画部門はわれわれと関係ないと思っているし、全体としても、なんとなく、都市計画がやる話ではないな、となります。

田島：今、3.11を経験しているタイミングはかなり効いていて、皆さん何とかしないといけないと考えており、トップダウンだけでなく、ボトムアップ型のコンセンサスが取りやすい時代になっているのではないでしょうか。

小澤：一番手っ取り早いのは、都市計画法を改正するときに、きちんと文面に入れることです。今、都市計画の中にエネルギーがきちんとした位置づけになっていないので、エネルギーマスタープランを含めて、都市計画法の制度の中にそれをねじ込んでしまえば、そのことについて自治体の都市計画部門はもちろん、他部門も義務的にでもやらなければならなくなります。そういう局面にならないと、今の部局間の連携はうまくつながっていかないと思います。

技術革新の著しいICTは都市をどのように変えていくか？

田島：まちづくりとICT技術の問題に議論を移します。それぞれのご専門の立場で、今、業務の中でICT技術とどのようにかかわられていて、20年後、30年後の展望をどのようにとらえておられるかをお聞きしたいと思います。

石川：今、スマートシティとか国内にあるスマートコミュニティをはじめとした四つの実証が行われており、そこでは「見える化」が中心に行われています。ビッグデータについていろいろ言われてきていますが、基本的にICTは非常に身近にあるので、使い方の問題になってくると思います。何のために何をやるのかというところが非常に重要です。従来ですと、エネルギーネットワークとか、たとえばエネルギーの制御系とか情報系という言い方をプラントの中でもよくしていたのですが、今は基本的に、一つの大きなシステムの中にいろいろなものを入れて構わないのではないかという話があります。

電力会社といろいろと議論しているのは、スマートメーターがこれから入ってくるわけです。今のところスマートメーターは電気だけなのですが、上下水だってスマートメーターにすればいいし、熱に関してもスマートメーターに

すればいいのではないか。そのスマートメーターとは何なのかというと、従来ですと月に1回くらいのデータ量しか取っていなかったものが、非常に細かいデータが取れるようになる。スマートメーターの中にあらゆる情報が、電気の使われ方とかエネルギーの使われ方がぎっしり入ってきます。電力会社は個人情報にからむので使わないと言っていますが、一般需要家が、たとえばビルの中の子メーターで使ったりすると、仮に電力線で結ばなくても、かなり細かいデータが取れます。

田島：交通分野ではどうでしょう。ICTとの関連はたくさんありますね。

須永：ここ数年で、さまざまなものが新しく出てきたと思います。たとえば、公共交通のICカードがあります。ICカードが普及したおかげで駅ごとに乗降などのログが取れるので、どこの駅からどこの駅までどれくらい移動しているか、などのデータが毎日記録できているわけです。また携帯電話の普及で、人がどのように動いているかということも時系列でログが取れていて、そのようなデータが次第に使われ始めており、ビッグデータとして交通の分野でも活用されつつあります。

田島：ICカードはもう、実際に交通センサスなどの調査に利用されているのですか。

須永：データはストックされていますが、交通センサスなどの大規模な調査の代替としては、まだ全面的には活用されていません。

田島：まだ活用されていないけれど、技術的にはできるところにある。

須永：技術的には可能です。ただ、プライバシーの問題がありそのままでは活用できない部分もありますので、その整理が必要になります。いずれにしても、今データが溜まってきているところで、データを使う余地はいろいろなところにあると思います。これは交通計画に使うということだけではなく、たとえばお店をやっている人からすれば、どこの街にどれくらいの人が集まってくるかということが見られるので、マーケティングに使えるとか、今までそんな使い方をしようと思っていなかったことができるようになっています。

交通の分野では、たとえば鉄道の利用者数を調べたり、道路で自動車交通量のカウント調査をしたりしていますし、一定の範囲の中で人がどのように移動しているかを総合的に把握するパーソントリップ調査も、東京などでは10年に1回やっています。ICTの普及促進により、かなりきめ細かいデータがほぼリアルタイムに近いかたちで使えるようになると、交通計画は随分変わってくると思っています。

田島：そのようなデータが取れることによって、具体的にどのように世の中が変わるのか、教えていただけますか。

須永：ここから先はアイデア勝負みたいなところです。たとえば渋滞の対策を行おうと思ったときに、単純に考えればハードの整備、要するに道路を新設、拡幅することになると思いますが、道路を整備しなくても、具体的にここがこの時間帯に混んでいて、その原因は何で、その原因を解消さえすれば交通がスムーズに流れるのではないかといったようなことは、かなり細かく見ていけると思います。

田島：ハードの整備を伴わず、運用で対応できる部分があるということですね。

須永：今までわかっていなかったことがわかるようになり、ハード整備、道路整備だけに頼らずにいろいろな問題が解決できていく。そのような可能性もあるのではないかと思います。

私の今までの仕事の中でいうと、今の話に少し関係しますが、たとえば道路渋滞が発生している。それに対して、昔でしたら道路を整備するしかなかったのですが、需要側を少しコントロールして問題を解消していく、TDM（Transportation Demand Management）という交通需要をマネジメントしていく手法があり、それのもう少し最近の流れとしてモビリティ・マネージメントという取組みがあります。たとえばTDMで今まで行われていた施策としては、ロ

ンドンなどで取り組まれているロードプライシングがあります。この施策は、ここから中に入るときはお金を払ってもらわなければ入れませんという規制によって流入交通量を減らしていくもので、ある意味ムチの施策です。そのようなことではなく、一人一人の方とコミュニケーションを通して、押し付けるのではなく納得して交通行動を変えてもらうという取組みが最近出てきています。

田島：もう少し、具体的に教えていただけますか。

須永：人の交通行動は習慣で決まっているところがあり、どこに出かけるのにも迷わず車を選んでしまうということがあります。それはなぜかといえば、車であれば15分くらいで行けるけれど、バスに乗ると30分くらいかかってしまうという昔の経験による思込み、もしくはまるで経験していないところでの思込みで、車を使うことを選んでしまっているというところがあると思います。でも、バスで行っても実は20分くらいで行けたりするなど、思っていたより早かったりする場面もあります。

実はバスでもほんの20分で行けて、帰りはお酒が飲めます、行き帰りに本も読めます、このような移動の仕方もいいのではないですか？ということを、一人一人とコミュニケーションを取りながら認識していただくことで、一人一人の交通行動が変わってくることが期待されます。認識していただいて、確かにいつも車だけれど、たまには公共交通に乗ってみようか、と行動を変えていただく。これがモビリティ・マネージメントという取組みです。

要は一人一人が自分で考えてもらって、納得して行動を変えてもらう取組みなのですが、考えていただくときに、最初に出てきたICTで取れるデータ、つまり、今の状況が実はこうなっているという情報は、ものすごく有効なツールになります。たとえば、先ほどの石川さんのお話の中にスマートメーターの話がありました。スマートメーターで1日の消費電力を見て、「ちょっと使い過ぎかな、節約しよう」と思うのと同じようなかたちで、交通のほうでも、「ちょっと車を使い過ぎかもしれないな、バスを使ってみようかな」という感じで、交通行動を変えていく一つのきっかけにICTのデータをうまく使っていけるのではないかと思っています。

田島：この本の読者として想定される建築家の方々はものづくりにかかわっているので、いろいろなことが「見える化」によって便利になり、行動が変わることはよくわかりますが、具体的に、フィジカルに、形がどのように変わっていくのかを知りたいと思います。建築をつくる方々に対するメッセージとして、「これからはこのような時代になるので、君たちは大変だよ」とか、ものづくりに響くキーワードがいただければお願いします。

これは私の意見ですが、スマートシティで都市がドラスチックに何か変わるということではないと思います。たとえばアムステルダムもスマートシティと称しています。あのような古い街の街並みで何が変わるということではなく、どちらかといえば、ICT技術であそこの都市でやっている新しい試みとか活動とか動きがわかりやすく見えるようになり、そこに来た人が、便利に無駄なく自分のやりたいことを素直に行動できるようになる、といった変化なのではないでしょうか。

特にICTに関しては、それがどんどん発達していくことにより都市の形がドラスチックに変わるというよりは、そこで生活をしたり活動したりする人自体に情報が入っていくので、その人たちがそこで得た情報をもとに、どのように活動を変化させるかという、その変化がどのように都市を変えていくことになるのかということです。たとえば、自動車が発明されて道路ができると都市の姿はがらりと変わったのですが、そのような流れではなく、逆に人間のほうがまず変わっていく。人間の行動が変わっていく。スマートシティはそこに直接働きかけているので、都市の形にあまり左右されません。

長谷川：田島さんがおっしゃったキーワードは重要で、どのような価値観をベースにして都市をデザインしていくべきかという問いに関していえば、アクティビティではないかと思います。人のアクティビティを重視して、街をどのようにつくっていくかというところです。アクティビティをいかに活性化させるか。それを建築として受け止めてもらえればいいと思います。

では、都市計画がアクティビティを重視してきたかといえば、あまり重視してこなかったと思います。都市にどのようなアクティビティが起こるかということはあまり想定していなかったのが、これまでの狭義のスモール都市計画だったと思います。もう少しアクティビティを考えた街のあり方、街のデザインというのが、おそらくキーワードになってくるのではないでしょうか。

田島：交通の分野では、アクティビティをどのようにとらえていますか。

須永：アクティビティがキーワードになるというのは私も賛成です。やはり交通の立場からしても、どのような人がどのように動くか、そこにどれだけの満足度を提供できるか、ということがすごく大事ではないかと思っています。

例をあげると、今、超小型モビリティという乗り物が出てきています。時速60km、70kmといったスピードが出るものから、立乗りのセグウェイのようなものまで、いろいろなものを横断的に超小型モビリティといっています。

電気で走る小さいものであれば、建物の中にそのまま乗り入れするということもありうるかもしれない、という検討をしたことがありました。そうすると、ここからこちら側が道路で、ここからこちら側は建物の中という境目が、何だかぼやけてくるということがあると思います。

われわれが反省しなければいけないのは、今まで縦割り的な仕事をしていて、道路のことは考えていても建物の中のことはあまり考えていませんでした。そこの境目が曖昧になったときに、一緒にいいものをつくっていくという時代になってくるのではないかと思います。

田島：そうですね。超小型モビリティはいろいろなところで実用化段階にありますが、今後どんどん増えていく兆しを感じます。

須永：歩道と車道が分けられていない狭い道路がたくさんあるのですが、自動運転で速度が落ちると、歩行者もこのような小さな車も一緒になって移動できる。そこにスピード差があまりないようにしてあげると、違和感なくミックスすることもできると思います。その先の考えとして、建物の中と外との境界も曖昧になってくる姿というものが、これから先、出てくるのではないかと思っています。

田島：そうなると、都市の姿は大きく変わりそうですね。建物の中に道路ができる。

長谷川：今の話を聞いて思い出したのですが、建築家の方へのメッセージとしては、敷地を越えて考えてくださいということがあるかと思います。敷地の中だけでパッケージする建築のデザインだけではなく、物理的に隣地と一緒にならなくてもいいのですが、考え方として敷地を越えた建築デザインというのがなければ、スマートな街としていろいろなところとつながってはいかないのではないかと思います。

第3章

エネルギーとスマートシティ

3-1
東日本大震災以降の地域とエネルギー

東京大学生産技術研究所講師　**太田 浩史**

1 鮪立の大釜

ひとつの小さな東北の漁村から、地域におけるエネルギー論についての考察を行ってみたい。

気仙沼市の唐桑半島の西側、つまり太平洋から見ると陰となる位置に、鮪立（しびたち）という集落がある。すり鉢状の地形と数々の唐桑御殿が形の良い湾を囲む、小宇宙のように美しい集落であったが、2011年3月11日の東日本大震災では10〜12mの高さの津波が発生し、全286戸のうち106戸が損壊、16人の命が奪われた。

養老2年（718年）に熊野神社から船団を受け入れたという記録が残るように、鮪立は1,300年の歴史を持つ古い集落である。津波が直撃しない半島の陰に位置しているのも、おそらく古人の見立ての名残りであろう。気仙沼湾内でも突出した歴史を持つ鮪立は、延宝3年（1675年）には紀州の漁民からカツオの1本釣り漁法を導入するなど、三陸の漁業振興に果たした役割は多大であり、大漁時の唄込みやそれを祝う晴着の「カンバン」など、往時を偲ぶ文化も残っている。1本釣り漁法を広めた古館（こだて）家は1,300年前の熊野船団の子孫でもあり、現在の38代目当主に至るまで、代々にわたって集落の中心的な存在としてその役割を果たしてきた。その古館家の土蔵の被害調査にかかわったのが、私が鮪立そして東北の奥深さを知るようになったきっかけである。

さて、この古館家には、伝説の大釜がある（図1）。直径1mほどの鉄釜なのだが、聞くと、この大釜は天保の飢饉（1833-37年）の時にも、明治三陸大地震（1896年）や昭和三陸地震（1933年）の時にも活躍して、多くの人々の命を救ったという。度重なる被災の記録にことごとく現れる大釜であるが、この度の東日本大震災においても人々にお湯を供し、その役割を見事に果たした。ガスも電気も止まり、多くの世帯が暖を取ることができなかった寒い東北の3月のことである。なぜ、この大釜は今回も機能することができたのだろうか。

図1 古館家の大釜

ガスが止まった場合、お湯を沸かすには薪がいる。古館家では、今なお薪を割り、乾かし、それを納屋に蓄えている。お湯には水が必要だが、震災時には水道は止まる。しかし古館家では、今でも井戸を残し、その水を普段から使っている。もちろん、水源である森の維持も欠かしていなかった。お湯を沸かす大釜は、使っていなければ錆びが発生し、穴があく。この問題への対応はシンプルである。毎朝、古館家では薪を使ってお湯を沸かし、大釜を使い続けているのである。少なくとも、180年前の天保の飢饉からはずっと。

東日本大震災以来、エネルギーの地産地消が議論されている。大型集中発電のリスクを考えても、分散発電や一層の自然エネルギー利用は推進されるべきだと考えるが、考えてみれば、昔はどこでも世帯ごと、地域ごとのエネルギー創出が行われていたわけである。それがなされなくなったのは、分散型のエネルギー創出が手間であり、もしくは高コストであり、世帯や地域から離れた第三者に任せたほうが益であるという了解があったからである。それを見直し、再びエネルギー創出を地域の仕事に据えるとな

ると、手間と、それにまつわるコストの発生は避けられない。仮に風力発電のタービンや太陽光パネルの価格が下がったとしても、身近になったエネルギー施設を長く、安価に地域で維持していく仕組みが必要となってくる。

古館家の大釜は、地域とエネルギーの関係について、大きな示唆を私たちに与えている。古館家では、エネルギーをつくり、使うことは「自分ごと」であり、それは昔から受け継がれた所作として、暮らしの一部になっていた。まわりの世帯が水道とガスに切り換える中、変わらずに井戸と薪を使い続けた結果、震災に遭って大釜が機能することになった。その活躍が今回のみならず、数十年ごとに繰り返されているのは偶然ではなく、古い家に残された知恵と考えるべきだろう。当主が「今回の地震で初めて伝えられてきた習慣の意味がわかった」と話すように、鮪立にはもともと防災の文化があった。水、熱源、その双方にかかわる森の保全こそ、地域の防災の最重要項目だったのである。おそらく、このような文化は三陸のあちこちに存在していただろう。私たちが考えるべきなのは、東北における地域エネルギーの創出と利用という課題が、鮪立の大釜の話のように、深く、長期的な文化的視座を持っているか、ということである。

2 東日本大震災以降のスマートシティ論

本書でも見てきた通り、スマートシティ論は2009年のアメリカのオバマ政権のグリーンニューディールに端を発し、2010年頃から、日本の低炭素社会化の有力な方策として議論が真剣になされるようになっている。東日本大震災はそのさなかに発生し、折しも原子力発電の高いリスクが認識されたことも加わり、東北の復興とスマートシティを結びつけるアプローチは誰もが認める道理となった。たとえば、震災から5カ月後の2011年8月に東日本大震災復興対策本部がまとめた「東日本大震災からの復興の基本方針」では、「再生可能エネルギーの利用促進とエネルギー効率の向上」「環境先進地域の実現」「電力安定供給の確保とエネルギー戦略の見直し」などが中心的な復興の方針としてあげられている。また、震災発生から8カ月後の11月の総務省の調べでは、復興計画にスマートシティ的アプローチを掲げた自治体は、岩手県で3、宮城県で11、福島県で3が存在し、その数はその後も増え続けた。甚大な被害からの復興で、自治体も多くの混乱を抱えていたことを考えると、これは特筆すべき現象であった。なぜならば、そもそも地域エネルギー計画と都市計画に連動の可能性があるということ自体、日本では稀なことであり、前例のない変革を自治体が揃って志向したということが一種の事件であるからである。たとえば、建築の世界では給湯方式や省エネルギー計画が設備担当者と意匠担当者の協働によって最初から考慮されるのに対し、都市計画ではエネルギー計画は設計対象から切り離された、いわば不可侵の前提条件でしかなかったことを考えると、これは大きな革新である。スマートシティ論と復興論の予期せぬ同期は、間違いなくその可能性を拓いたといえる。

とはいえ、次の重要な課題がある。建築の世界での設備設計者と意匠設計者の協働は、数々のサステナブル建築の名作を残してきたが、スマートシティ論は、果たして本当に良い都市空間をもたらすものとなるだろうか。もしくは、これもサステナブル建築の世界で見られたことだが、要素技術を総花的に詰め込んだ、凡庸なプロジェクトを量産しないだろうか。それを決める鍵は、いかに私たちが、エネルギーという不可視なるものを、社会の共有物として可視化させることができるかにかかっていると私は思う。まさに、鮪立の大釜が不可視なる地域の知恵を象徴していたように。

あともう一つ、東北におけるスマートシティ論の傾向として、エネルギー源が電気に偏り気味であることがあげられる。これは、もともとオバマ政権における政策が、スマートグリッ

ド、つまり電気供給インフラの改革から始まっていること、そして日本におけるエネルギーマネージメントの議論に、2011年の夏に全国的課題となった節電対策が大きく影響していると思われる。多くの自治体の政策においても、メガソーラーや風力発電、スマートメーターやEV（電気自動車）の導入などに触れているものは多いものの、バイオマスやコージェネレーションなど、熱に関する記述は少ないと言わざるをえない。調査によれば、岩手では全消費エネルギーの6割が暖房と給湯、つまり熱なのである（図2）。東北のスマートシティ論は、たとえば森林資源の活用や本格的な地域暖房の導入など、安全で効率的な熱利用のあり方を議論できているだろうか。寒い3月の東北での被災において、暖を取る熱が必要になったというのもひとつの教訓ではなかったか。

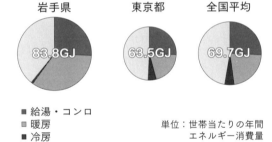

図2 東北のエネルギー需要[1]

3 東北における再生可能エネルギー導入事例

最後に、東北復興におけるスマートシティ論の1事例として、岩手県釜石における海洋エネルギー導入への試みをあげておきたい。これは筆者も参加した東京大学生産技術研究所の取組みの一つであり、東北地方が持っている海洋エネルギーの高いポテンシャルを活用し、三陸に海洋エネルギーの研究拠点を実現しようとする共同研究プロジェクト「Ocean Energy for Tohoku Regeneration = OETR」によるものである。研究参加者はエネルギー工学、海洋工学、海中生態学、交通工学、そして私が担当した都市計画そして建築と広範であり、海の空間利用と陸の空間利用、そして持続可能なエネルギーの創出と利用の接点を探るプロジェクトである。

プロジェクトの内容は、海洋エネルギー研究拠点の誘致、そしてそれを中心にした海洋エネルギーの創出と利用のモデル地区づくりである。ここに誘致を行う理由は下記の3点である。

(1) 縮小地域・高齢化地域における被災

2000年から2010年の10年間の被災3県の沿岸地域の人口推移を見ると、仙台の近郊を除いたほとんどの地域で人口減少が起きている。特に岩手県ではその傾向が顕著であり、多いところでは10年間で15％の人口が減少していた。また、震災直前の時点では有効求人率が岩手県で0.50倍、宮城県で0.51倍（2011年2月）と、構造的な雇用不足にあったことがわかる。被災地域の再生に当たり、長期的な視点に基づく産業の創出が必要とされている。

(2) 高いポテンシャルを持つ海洋エネルギー

実は、東北の太平洋沿岸域には水深200m以下の比較的平坦な海底が広がっており、沖合での海洋エネルギー利用には理想的な海域の一つであるとされている。たとえば、風力については、海底ケーブルの距離を短くできる近海に比較的強い風が安定的に吹いており、波力については、日本海側と比べ最大波力は少ないものの、年間を通して安定的に強い波力が期待できるため、夏に凪がある日本海と比べて年間平均の波力ポテンシャルは高い。再生可能エネルギー利用の大きなテーマとして、海の恵みの享受をあげることができる。

(3) 再生可能エネルギーとまちづくりの親和性

日本における水深200m以下の沿岸域での可採風力エネルギーは合計613GWと、日本の全発電設備容量の約3倍に上る。また波力エネルギーについては原発166基分と、その可採ポテンシャルは高い。しかし、日本においてはその実証実験は十分になされておらず、企業や研究組織が共通の条件で実験を行い、結果を比較するテストの場そのものが存在しない。

すでに欧州諸国においては、海洋エネルギー

研究拠点において大規模な実証実験が行われており、海洋エネルギー技術の発展もめざましい。最も先進的な実験サイトはスコットランドのオークニー諸島におけるEMECであるが、この地域では研究者の新規移住、見学者の来訪、そして実験施設の組立てやメンテナンスなどにより雇用が生まれている。

以上を考察し、OETRでは岩手県釜石市を念頭に、海洋エネルギー研究拠点の誘致可能性を検討し、私はその拠点を中心とした土地利用マスタープランと施設計画を行った。その内容は下記の通りである（図3）。

①海と陸が補完し合う土地利用

洋上の実験サイトでは、洋上風力発電施設をはじめ、波力発電、潮流発電などの各施設を配する。また、浮体式風力発電装置の組立てに役立つように、湾口防潮堤を延長し、観光用の桟橋としての活用も図る。

陸側では、研究拠点、エネルギーセンター、寮、講堂、さらにはここで展開されている技術を人に見せる展示ホール、インフォメーションセンター、商業施設などを市街地に配置するとともに、小さな研究室、研究施設を小規模な湾に設置し、落ち着いた研究環境を用意する。

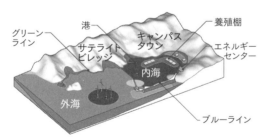

図3 土地利用マスタープラン

②熱の有効利用を考慮したエネルギーフロー

前述したように、東北のスマートシティにおいては、いかにサステナブルに「熱」供給を行えるかが鍵となる。釜石市でも行われているバイオマス発電では2割が電力、8割は熱となるが、現在は活用されていない8割の熱を有効利用することで、海からは電気、山からは木質バイオマスチップが届き、それらをミックスして、市街地、冷蔵庫や加工場などの水産施設に送るというエネルギーフローを考えることができる。

③研究拠点

海洋エネルギー研究拠点は、海底ケーブルとその揚陸所、洋上建設デッキ、モニタリング施設、そして各種発電装置などを備え、先端的な海洋研究のためのハブとして機能する。拠点は研究のみにとどまらず、小規模な学会の開催などに対応する短期滞在のための施設、会議場、そして海洋エネルギーとスマートコミュニティ関連の展示を行うギャラリーも併設する。研究拠点が情報交流の拠点となることで、地域のグリーンツーリズムが活性化し、地域への高い経済効果が生まれることが期待される。

日本では江戸時代に東海道や日光街道、伊勢街道を中心として観光が盛んになり、そこから日本を特徴づけるさまざまな地域文化が発生した。海洋エネルギーの創出と利用というテーマも、新たな文化、新たな地域の魅力をもたらす創造的な提案でありたい。東北におけるスマートシティの計画が、私が鮪立で見たような美しい景観、深い文化の創出の機会となることを願いつつ、本稿を終わりたい。

図4 海洋エネルギーがもたらす新しい三陸の風景

〈参考文献〉
1）「日本の住宅における地域別エネルギー需要構造とその増加要因に関する研究」三浦秀一、外岡豊、『日本建築学会計画系論文集 第562号』2002年12月

3-2
エネルギーの有効利用から見たスマートシティ

竹中工務店　**高井 啓明**

　本節では、エネルギーの有効利用やBCP（事業継続計画：Business Continuity Plan）、あるいは広義の環境の視点から見たスマートシティについて、いくつかの論説を紹介する。建築に携わる専門家、実務者から見て、エネルギー、環境、防災、交通、緑地、土地利用、ICT、社会等の視点から、スマートシティ（地域の建築群、街区、都市）をどのように考えていけばよいのか、どのように評価すればよいのか、どのように変えていったらよいのかを、いろいろな方々に論じてもらったものである。

　本節は以下の5項目から構成されている。
3-2-1 「環境」と「防災」を両立させるレジリエントな都市づくりへ（佐土原聡）
3-2-2 都市形態とサステナビリティの関係性（岩村和夫、Serge SALAT）
3-2-3 CASBEE-街区の概要紹介（浅見泰司）
3-2-4 建物がつながることによる低炭素化等の効果（垣田淳・宮﨑貴士）
3-2-5 欧州のスマートシティ調査から考える建築とスマートシティの関係（梅野圭介他）

　3-2-1では、都市・地域における環境と防災のコンセプトについて、都市環境工学の視点から論じている。3-2-2では、海外研究者による都市のエコ度の評価指標の提案を紹介する。3-2-3では、CASBEEにおける街区単位の総合的な環境性能評価の最新動向について紹介する。3-2-4は、将来の都市の緑やエネルギーのあり方に関する提案例の紹介である。そして3-2-5は、海外におけるスマートシティ化に向けた取組みから建築界のなすべきことを考えるというものである。

　記述の内容はエネルギーに限定されていない。3-2-1ではエネルギーに加えて防災、ICTが論じられる。3-2-2、3-2-3の都市・地域の環境評価に関するところでは、指標は低炭素だけでなく、地域環境、社会、経済などに及んでおり、3-2-4、3-2-5では、緑地や交通と都市のあり方への言及もある。

　上記の各論説は、コンセプト、評価方法、将来像、建築界の役割などにフォーカスしようとしているが、扱うスケールや、景観・技術・社会・経済までの領域の広さから、さまざまな内容となっている。スマートシティへの取組みは建築界でも始まったばかりであり、絞り込まれた方向性があるものではなく、いろいろな方向性を模索していく上で、むしろ多様なものであるとも考えられる。

3-2-1
「環境」と「防災」を両立させるレジリエントな都市づくりへ

横浜国立大学教授　**佐土原 聡**

1 はじめに

「スマート」にはもともと「賢い」という意味があり、「スマートシティ」という言葉は、絶えず変化する自然環境と賢くつき合いながら、リスクが小さくベネフィット（受益）の大きい、持続可能な都市づくりを実現することと筆者はとらえている。本稿では、エネルギーを軸に据えながら、「環境」と「防災」を両立させ、リスクの小さいスマートな都市づくりのための考え方を整理し、具体像のイメージをまとめる。

2 「環境」と「防災」の関係と総合的な地域づくり

東日本大震災では、エネルギー供給の途絶の深刻さが浮彫りになったとともに、災害に起因した原子力発電所の停止によって古い火力発電所も総動員した電力確保が必要となり、CO_2排出量が増加して地球環境問題が深刻化している。また、原子力発電所の被災がもたらす放射能汚染は、エネルギー消費の負の側面への認識を高め、化石燃料の消費、CO_2排出による地球温暖化問題への関心も高めることにつながっていると思われる。近年はゲリラ豪雨とも呼ばれる集中豪雨や夏季の高温化現象などが顕在化しており、地球温暖化のリスク増大を身近に感じる機会が多くなっている。

このような地球環境問題と災害の関係を整理すると、図1のようになる。都市や地域での化石エネルギーや生物資源の大量消費が起因となって、気候変動、生物多様性の喪失といった地球環境問題が生じ、それが極端な気象現象の発生と災害への脆弱性をもたらし、都市や地域の災害リスクを高めている。日本は地震国であるので、これに地震が加わることでさらにリスクが高まる。わが国は低炭素社会を目指して原子力発電の利用を促進し、CO_2削減に努めてきたが、今度は地震に見舞われ、原子力発電所が被災して放射能汚染が顕在化することとなった。

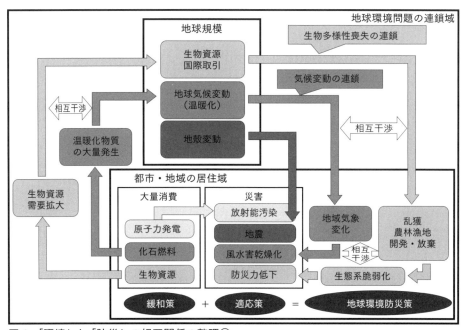

図1　「環境」と「防災」の相互関係の整理①

ベネフィットを得るためのエネルギー消費がもたらす負の側面を、総合的にマネージメントする必要性が改めて示された。また、その受益者である都市域ではなく、遠く離れた発電所周辺が被害を受けるという電力供給のあり方の見直しも強く求められよう。

以上から、これからの地域・都市づくりは、気候変動を軽減する「緩和策」である省エネルギー、省CO_2の実現と、気候変動に伴う極端な気象、生物多様性喪失に伴う災害への脆弱化、人間の力では発生を阻止できない地震などの災害への、広い意味での「適応策」をともに備えた総合的な解を目指す必要がある。「緩和策」「適応策」の総合的な解を目指すためには、現れた現象の相互関係を結びつけてとらえるだけではなく、それらを引き起こしている元の実態、メカニズムに立ち戻ってとらえる必要がある。水を例に説明すると、洪水のように大量の水が流れて人家を押し流せば、われわれは「災害」と呼び、河川の水質が悪化し、健康被害をもたらす場合は「環境問題」と呼ぶ。このような災害、環境問題という区別は必要であろうか。人が住んでいる地域にどのように水が流れているかという事実と人へのリスクがわかればよいのであって、災害、環境問題の区別は必要ないであろう。生活者にとっては、トータルのリスクをいかに低減するかが問題であり、その解こそが、環境、防災を総合的に考えた地域づくりであるといえる。

このような総合的な解を得るためには、図1のように生じている現象同士をつないで整理するだけでは不十分で、その実態をとらえる必要があるとの考えから、さらに図2のような整理を行った。すなわち、地圏、水圏、気圏、生物圏、人間圏というわれわれが存在する場を構成する要素の上に、図1に示された現象を乗せて表現している。実態を素直に見て、環境を構成する要素が人間とどのような関係にあるのか、人にどのような影響を及ぼすのかを理解し、その関係の不具合をなくすという視点が重要である。都市エネルギーシステムもこの視点で、「緩和策」「適応策」の両面の要求を満足する具体像を描くことが必要である。

3 緩和策と適応策が融合した自立分散連携型エネルギーシステム

緩和策と適応策が融合した都市のエネルギー

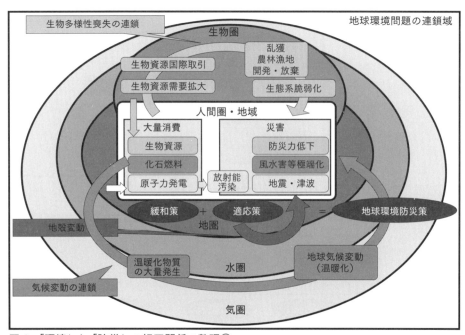

図2 「環境」と「防災」の相互関係の整理②

システムとは、どのようなものであろうか。

日本の都市では、大規模な発電所が湾岸地域に立地し、海を排熱の場としながら最大の発電効率を確保して、内陸の都市部に電気を供給してきた。一方で冷暖房・給湯の熱は、都市内で電気や化石燃料を使って製造し供給される、いわば縦割りのエネルギー供給である。欧州では多くの都市で、早くから都市内に発電所を立地し、その排熱で暖房・給湯を行うトータルエネルギーシステムが実現している。日本でも抜本的な省エネルギー、省CO_2化に向けて、トータルエネルギーシステムの導入が長年の課題となっていた。

1970年の大阪万国博覧会で導入された地域冷房を契機に始まった日本の地域冷暖房が、当初の大気汚染対策からさまざまな時代の変遷を経て、東京を中心に大都市に広がり、現在、約140地区で稼働中である。エネルギーシステムを構成する機器の技術開発も進んで、小型でも高効率な発電設備も出てきており、情報技術の発展できめ細かい制御も可能になっている。また、今回の東日本大震災に伴う電力供給の逼迫により、電力等のエネルギー供給の信頼性に対する社会的要請が強くなった。さらに2016年の電力市場完全自由化をはじめ、電力システム改革が行われようとしている。

こうしたことから、今、日本の都市のエネルギーシステムは大きく変わろうとしている。比較的高密度な都市域が対象という限定付きではあるが、トータルなエネルギーシステム、緩和策と適応策が融合したエネルギーシステムを実現する好機を迎えている。システムの具体的なイメージをスケッチしたものが図3である。複数の建物や街区レベル、地区レベルなどの一定のエリアに熱供給網が整備され、この熱供給網の中に自立分散電源が設置されて、一つのエネルギーマネージメントの単位（エリア）が構築される。大規模発電所からも供給を受け、自立分散電源からの電力供給と熱供給網の範囲は必ずしも一致するものではないが、システム同士が相互に連携し、また、このシステム内に、未利用エネルギーや再生可能エネルギー、蓄電、蓄熱の機能も組み込まれる。

地球環境問題の緩和策、すなわち省エネルギー、省CO_2の視点からは、発電に伴う排熱の受け皿となる熱供給網があるからこそ、コージェネレーションの導入が効率的となり、その導入促進を図ることができる。熱供給の基盤を持った電力供給網は、より柔軟な需給バランスの制御により効率化を図ることが可能である。異なる特性を持った需要家同士の連携によって負荷の平準化を図り、また、低負荷時には効率の高い新しいプラントや機器を優先的に運転することにより、全体としての高効率化を図ることもできる。変動の大きい再生可能エネルギーを導入するためには、その変動をシステム内で吸収する必要があるが、熱供給システムやコージェネレーションで出力をアクティブに制御するこ

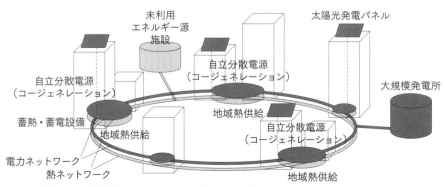

図3 「環境」と「防災」を両立させる都市エネルギーシステムのイメージ

とが可能であるため、変動の吸収容量も確保しやすい。

災害時の供給信頼性の面では、コージェネレーションが地域の自立的な電源として機能する。また、プラントの相互連携や蓄熱、蓄電によって、災害時に部分的に被災して機能が停止した場合でも供給が可能であるなど、災害時に対応できる冗長性を備え、供給途絶が起こりにくい。さらに、地域内で発電することで、災害や事故によるリスクを受益者が負うことになる。

以上のような自立分散型、連携型のシステムは、全体を構成する設備を少しずつ更新できるので、常に最新の技術を取り入れて相互融通できるという利点もある。

今日、人口減少・超高齢化に対応した都心回帰、都心部のコンパクト化の進展によって、地域熱供給網の整備に適した高密度地区の整備が進むので、この点からも、以上に述べた都市エネルギーシステム実現の好機を迎えているといえる。

4 統合的な環境ICT基盤の構築と熱・エネルギーのマネージメント

情報技術を活用したエネルギー需給のモニタリング、マネージメント、見える化が進んでおり、デマンドレスポンスによるピーク低減やピークシフトなどが行われるようになった。しか

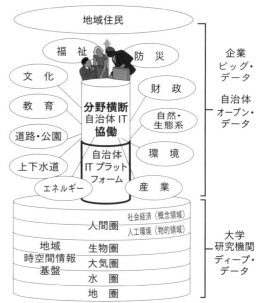

図4 統合ICTプラットフォームのイメージ

し、情報技術の本当の力は、エネルギーの最終形態である熱の流れも含めたデザインを支援し、マネージメントするところにある。今、筆者らは産官学のコンソーシアムで、図4に示す「統合ICTプラットフォーム」の構築を始めている。これは、学術的な深い知見に基づく、地圏・水圏・気圏・生物圏などの自然環境、建物やエネルギーを含む人工環境、社会経済環境の情報や解析、シミュレーション結果（これらを「ディープデータ」と呼ぶ）。1例として、地質構

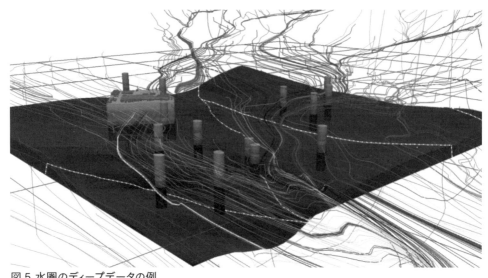

図5 水圏のディープデータの例

造のデータに基づく神奈川県秦野市中心部の地下水のシミュレーション、可視化の結果を示す（図5））と、「オープンデータ」化が進む自治体情報、IT企業保有の「ビッグデータ」を同一地域で重ね合わせて相互に関連づけて分析し、従来の個別解でなく、統合解を導き出そうとするものである。また、このICTプラットフォームを活用した現状把握とメカニズム解明、将来の変化要因やシナリオによる予測に基づいて、たとえば次のような都市や地域の賢いデザインやマネージメントを行うことを目指している。

　（独）海洋研究開発機構・地球情報基盤センターの高橋桂子氏らのシミュレーションによると、湾岸の施設からの排熱が起こす強い上昇気流が、海風をブロックしている可能性があるという。もしそうであるとすれば、排熱の有効利用や排熱方法の工夫によって、海風をブロックしている上昇気流を弱め、ヒートアイランド現象を緩和すると同時に、省エネルギー・省CO_2も図るという、多面的な対策を評価、実践することができる。また、地下にまでヒートアイランドが及んでいることも最近の研究で明らかになってきており、地中熱の採熱利用が、ヒートアイランド緩和と省エネルギーを同時に満たす対策となる可能性がある。

　このような情報技術の発展とディープデータの整備は、長期的視野からの統合的な施策策定と、環境・エネルギーの直感的な理解によるスムーズな合意形成を可能にする。地域の自然環境を真に活かしたエネルギーのデザインとマネージメントにより、安全で質が高く、文字通り賢い「21世紀のスマート都市」を実現し、エリアのマネージメントをグローバルマネージメントにつなげていくことが期待される。このようなプラットフォームを構築し活用する仕組みや体制を備えることが、これからのスマートでレジリエントな（しなやかで回復力のある）都市・地域のあり方といえるのではないだろうか。

〈参考文献〉
1)「震災の教訓をふまえたこれからの都市エネルギーシステム」佐土原聡、『第27回環境工学連合講演会講演論文集』2014年5月
2)「都市のエネルギーシステムの現状と課題、今後の展望」佐土原聡、『エネルギー・資源』Vol.35、No.3、2014年5月
3)「エネルギーをデザインしマネジメントする〜21世紀のスマート都市〜」佐土原聡、『新都市ハウジングニュース』Vol.70、2013年夏号

3-2-2
都市形態（Urban Morphology）とサステナビリィティとの関係性

東京都市大学名誉教授　岩村 和夫

1 都市と形

標記をタイトルに冠する540ページ超の労著がある。フランスCSTB（建築科学技術センター）内に設置された「都市形態学研究所（Urban Morphology Laboratory）」の所長Dr. セルジュ・サラ（Serge SALAT）が中心となって編纂された。その内容は、都市の形態とサステナブルな都市化との関係を解き明かそうとする、大変興味深い研究成果の詳細である。英語版は2011年に出版されている（図1）。

近年、スマートシティをめぐる動きは急を告げているが、その多くはインフラやマネージメントに焦点が当てられてきた一方で、そこに住み、働く人々にとっての都市空間、形態の観点からのアプローチはほとんど見られない。本書（『Cities and Forms』以下同様）は1,200点を超える膨大な図版を駆使して、都市形態論としてはなじみのあるパリ、シエナ、ヴェニス、ニューヨーク、ブラジリア、東京、京都、北京、上海等の諸都市について、詳細な都市形態の分析を行っている。そして、最終的にはそのエネルギー消費をはじめとする多面的なサステナビリティの評価基準と結びつける、独自の論考を展開している。

2 形態学の系譜

そもそも、「形態学」は生物学の分野でまず発達した。そして「生物形態学」はドイツの自然科学者でもあった、あの文豪ゲーテ（Johann Wolfgang von Goethe：1749－1832年）によって創始されたものである。

ゲーテの思想を特徴づけているのは「原型（独：Urform）」という概念である。まず骨学において、すべての骨格器官のもとになっている「元器官」という概念を考え出し、脊椎がこれに当たると考えていた。1790年に著した「植物変態論」ではこの考えを植物に応用し、すべての植物は唯一つの「原植物」（独：Urpflanze）から発展したものと考えた。また植物の花を構成する花弁や雄しべ等の各器官は、さまざまな形に変化した「葉」が集合してできた結果であるとした。このような考えから、ゲーテはスウェーデンの分類学の父と称されるリンネ（Carl von Linné：1707－78年）の分類学を批判し、「形態学（Morphologie）」と名づけた新しい学問を提唱した。これは「進化論」の先駆けであるともいわれている（星野慎一『ゲーテ』より）。

3 都市形態論の視点

その後、ゲーテの形態学は都市の分析に応用され、近年国際的に「都市形態学」としてさまざまな研究がなされるようになった。これは、都市の構成要素である建築の大きさや形態、街路パターン、人口密度や土地利用等を対象にしている。そして、地形的条件や構成要素群が描くパターンを物理的に把握して理解できる都市

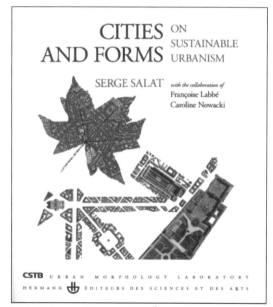

図1 Cities and Forms 表紙[1]

の形を、「分類」することから始まる。グリッド都市、円形都市、方形都市、帯状都市などそのパターンはさまざまだが、時系列的にその変化を追い、本書のように他の数都市と比較しながらその特徴について研究することが多い。

その前史としては、なんといっても、歴史的都市の地図を断片化してコラージュした18世紀イタリアの画家・建築家ピラネージ（Giovanni Battista Pirannesi: 1720－78年）の大変印象的な仕事が想起される。田中純の「類推都市のおもかげ－ノスタルジックな形態学」によれば、さらに20世紀前半を生きたドイツの哲学者ヴァルター・ベンヤミン（Walter Bendix Schoenflies Benjamin: 1892－1940年）による仕事があり、戦後、イタリア人建築家アルド・ロッシ（Aldo Rossi: 1930－97年）が類推的都市・建築論をめぐるエッセイに両者を引用している（図2）。

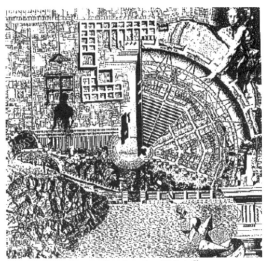

図2　アルド・ロッシ「アナロジー都市」[2]
　　　1976：ベニス・ビエンナーレ

こうした形而上学的論考を軸とした仕事とは別に、都市の形態については、より即物的な都市景観論と結びつけた比較研究が多い。そして地球環境問題がグローバルな課題となって以来、特に最近は、都市のエネルギー消費やCO_2排出との関連で議論されることが注目され始めた。すなわち、持続可能（サステナブル）な都市形態への関心である。本書はその本格的論考として位置づけられ、目次の大項目は以下の通りである。

- 第1章　都市と複雑性
- 第2章　密度、テクスチャー、気候、エネルギー
- 第3章　都市を結ぶ
- 第4章　都市を構成する
- 第5章　エコ近隣：デザインと技術
- 第6章　気候変動、効率、レジリエンス
- 第7章　都市形態を評価する
- 第8章　中国におけるフランスの体験

4　都市形態とサステナビリティ

近年、都市形態と「エコシティ」や「サステナブル都市」との関係で頻繁に言及されるのが、「コンパクトシティ」論である。産業革命以降のイギリス大都市の環境の惨状を憂えたE.ハワード（Ebenezer Howard: 1850－1928年）による「田園都市論」は、それを先取りしたものだ。その第1号であるレッチワースは完成後100年を経過した今もなお、コンパクトシティのパイオニアとして人を引きつけてやまない（図3）。

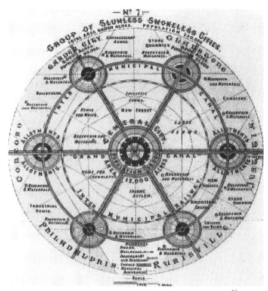

図3　E.ハワードによる田園都市の円形パターン[3]

佐藤滋によれば、その現代的なアプローチは以下の三つに整理される[3]。

①エネルギーや物質を大量に消費する場としての都市の構造やシステムを、より環境負荷が

少ないものにする。
②郊外へのスプロール化等により衰退した都心、中心市街地を再建し、都市の本来の姿を取り戻す。
③ヒューマンスケールの居住空間を回復し、適正規模の人間的な生活の質を実現する。

図4 ル・コルビュジエ「輝く都市」1925年[1]

図5 19世紀前半に形成された、今に残るオスマニアン・パリの都市形態[1]

本書は膨大な論考の中で、都市形態の観点からそのすべてに応えようとしているが、特に①について定量的な分析を行い、従来考えられてきた近代都市計画の誤謬について明確な検証を展開している。具体的にはパリの中心市街地を取り上げ、19世紀前半のオスマン時代に形成され今に引き継がれている都市形態（図5）と、1925年にル・コルビュジエによって提案された「輝く都市」（図4）との定量的比較を行っている。高層の建物群と周辺のオープンスペース、合理的道路網という20世紀型都市モデルとなった後者に、二つのグリッドパターン（道路からのセットバックの有無）を加えた四つのケースの比較である。その際、都市形態に関する以下の六つの主な項目ごとに指標を定めている。

①エネルギー消費量：
- 暖房用エネルギー（$kWh/m^2 \cdot$年）
- 平均熱貫流率U値（$W/m^2 \cdot K$）

②形態指標：
- 建築容積コンパクト値S/V（m^{-1}）
- 形態指標$S/V^{2/3}$

③密度：
- コルビュジエ基準（$14m^2$/人）の人口密度
- 一般基準（$30m^2$/人）の人口密度
- 街区建築密度

④日照条件・昼光利用可能性：
- 昼光アクセス係数
- 昼光到達量

⑤パッシブ建築容積比率：
- 外皮の開口部から6m以内の部分の比率（%）

⑥道路ネットワーク：
- 循環指数
- 交差点間の平均距離（m）

それぞれの項目が一定の条件下で定量化されたこの比較検討結果によれば、コルビュジエが主張した太陽が燦々と照り輝く都市であるはずの〈高層＋オープンスペース〉街区の旗色が大変悪い。そして、景観や人間的スケールを含めた総合的評価は、オスマン街区に軍配が上がったことが報告されている。これは、われわれの従来の常識を覆す結果であり、今後のサステナブルな都市形態を論ずる上で大変興味深い。

5 都市のエコ度評価へ

本書では、最後に都市のエコ度を評価するための評価項目の考え方と指標（Metrics）を整理し、その方法論を提案しているが、その既往研究として、

①Bilan Carbone（開発主体：ADEME／フランス環境エネルギー・マネージメント局）

②CASBEE for Cities（開発主体：JSBC／日本サステナブル建築協会）

の二つのツールを取り上げ、その概要を比較分析している。

①は日本ではあまり知られていないが、個人、開発計画、企業、団体、国のそれぞれのレベルで、関連する多様な直接・間接温暖化効果ガスの排出量を積上げ方式で、炭素換算により評価するツールおよびプロセスである。

この評価ツールは、必要に応じて評価対象を拡大でき、地方公共団体・都市レベルと、それらを超えた地域レベルにも対応可能となっている。ただし、現状では製品やサービスの購入に伴う排出量の評価などには対応できていない。

一方、②はCASBEEの基本構造に依拠しながら、新たに環境・社会・経済の三つの持続可能な開発にかかわる基本要素で評価するという、①とはまったく異なる構造を持つ。また、その評価結果をBEE（環境効率）チャートによる可視化によって極めて簡明に理解できる点が大きな特徴である。また、当該都市の産業構造に留意し、都市の環境負荷の算定方法として、「発生地型」と「再配分型」の二つを用意し、工業立地都市が評価上不利にならないよう公平な考え方を導入しているが、本書はこの点にも言及している。

以上のように先行事例を分析した上で、本書では次のような評価項目と指標に整理して都市の環境性能を評価することを提案している。

①土地利用：各種密度、多様性（区画割度、区画面積、区画利用）等
②モビリティ：街路パターン、街路面積率、連結性等
③水管理：水資源、水処理、地面の透水性、利用効率等
④生物多様性：農地率、緑地率、緑地配置等
⑤エネルギー：1人当たりのエネルギー消費量、再生エネルギー利用度、床面積当たりのエネルギー消費量、地域産業のエネルギー消費率等
⑥公平さ：住戸数と働き口、公営住宅率、人口の多様な年齢構成、多様な収入階層等
⑦経済：資源の生産性、就職可能性、学習活動度、就職口の多様性、建物利用の多様性、店舗からの距離、多様で複雑な建築物の配置と距離等
⑧幸福・健康および文化性：騒音、文化活動度、余暇施設の近接度等
⑨廃棄物および材料

本書ではこれらのうち、①、②、④、⑤、⑦が都市形態と深い関連性があるとしている。

いずれにしても、精緻な都市形態の比較分析の知見をベースにした本提案には、学術的意味合いを超えた実践的なわかりやすさと迫力があり、今後の自治体や民間の都市（再）開発の事前・事後評価に基づく政策の検証方法の開発にとって、大きな足跡を残したといってよいだろう。

世界に先駆けてCASBEE-都市を開発し、自治体への波及が進むわが国の関係者にとって、こうした都市形態論を取り入れた新たな視点に基づくコラボレーションが強く望まれるところである。

―――――――――――――――――――
＜参考文献＞
1)『Cities and Forms, on sustainable urbanism』S. Salat、CSTB Urban Morphology Laboratory, 2011年
2)『死者たちの都市へ』田中純、青土社、2004年
3)『地球環境時代のまちづくり』日本建築学会編、丸善、2007年
4)『CASBEE都市／総合マニュアル（2011年版）』都市の環境性能評価ツール開発委員会、日本サステナブル建築協会（JSBC）、2011年

3-2-3
CASBEE-街区の概要紹介

東京大学教授　浅見 泰司

1 CASBEE-街区の開発経緯

2012年に都市の低炭素化の促進に関する法律（エコまち法）が制定され、都市部において低炭素化の促進を図っていくことになった。この制度のもとでは、市町村は、低炭素まちづくり計画を作成し、都市機能の集約を図るための拠点となる地域を設定することとなっている。このような施策を進めるためには、地域の低炭素化進展の状況を客観的に評価できるツールが必要となる。ただし、単に低炭素化の進展を図ることができればよいのではなく、対象地区における環境、社会、経済の面の改善と低炭素化の進展がバランス良く進捗することが重要である。そのための評価ツールの確立を目指して、「CASBEE-街区」が開発された[*1]。

「CASBEE-街区」の前身として、「CASBEE-まちづくり」がある。これは、2004年より地区を評価できるツールとして検討が開始され、愛知万博（2005年日本国際博覧会：愛・地球博）会場のパフォーマンスを評価するために、「CASBEE-地域（万博）」として2005年版が作成された。さらに改良を重ね、2006年に「CASBEE-まちづくり」が完成し、2007年には改定版が出された。「CASBEE-まちづくり」においては、対象区域内の建物内のパフォーマンスは評価の対象外とされていた。

評価方法の簡素化を目指した簡易版や建物内部も評価できる「CASBEEまち＋建物」もリリースされ、まちづくり評価ツールとして完成し、認証なども行われた。

開発から5年以上が経過し、エコまち法の制定など、新たな時代のニーズに合わせた時点で修正が必要となり、評価ツールの改定に着手したのである。改定に至る背景としては、後発の「CASBEE-都市」との連携が望ましいこと、低炭素都市を促進しようとする諸制度との適切な関連づけが必要とされたこと、対象区域内の建物内も含めた総合的な評価ツールのニーズが高かったこと、使いやすいツールが必要と判断されたことなどがある。

2 CASBEE-街区の特徴

「CASBEE-街区」は、建物内部も含めた対象街区全体を評価する、総合的な評価ツールとなっている。評価手法は、まず、評価する地域を囲い込む仮想閉空間（図1）を想定する。その中での広義の環境性能（Q: Quality）が、その外側に対する環境負荷（L: Load）に対してどの程度の水準になっているかを評価する。負荷に対する性能という対比を評価するために、最終的な評価は環境効率Q/Lという比の形で評価することとした。これは、これまでの他のCASBEEの評価方式と同様である。

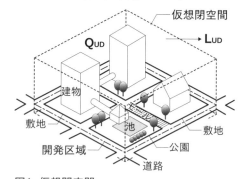

図1　仮想閉空間

環境品質については、「CASBEE-都市」にならって、持続可能性を評価する上での基本的な視座であるトリプルボトムラインの考え方に立脚し、環境面（Q1）、社会面（Q2）、経済面（Q3）で評価する（表1）。ただし、環境負荷Lが低炭素化の努力状況を指標化したものであるため、Qにおける環境面では低炭素化努力の評価は取り入れていない。環境性能はこれまでに

対象地域内外で積み重ねてきた性能向上努力の累積的な結果が性能として示されるため、ストック的な評価項目が多い。

環境（Q1）の評価項目は、資源（水資源、資源循環）、自然（緑、生物多様性）、人工物（環境配慮建築物）である。社会（Q2）の評価項目は、公平・公正（法令遵守、エリアマネージメント）、安全安心（防災、交通安全、防犯）、アメニティ（利便・福祉、文化）である。経済（Q3）の評価項目は、交通・都市構造（交通、都市構造）、成長性（人口、経済発展性）、効率性・合理性（情報システム、エネルギーシステム）である。

Qのそれぞれの評価項目では、レベル1を最低限の必須条件を満たす水準、レベル3を一般的な技術・社会水準、レベル5を最高の技術・社会水準とする5ポイントスケールで評価する。それを総合化して、Qとしての100点満点での評点を算出する。

環境負荷（L）については、低炭素化の努力の状況、すなわち負荷削減率で評価する。具体的には、都市機能の集約化に起因する交通面での削減、建築物の省エネ対策による削減、緑化推進による二酸化炭素の吸収量の3点（表2）について、施策を適用しない場合（BAU: Business As Usual）に比べて二酸化炭素排出量がどれだけ減少するかを、国土交通省・環境省・経済産業省から出された「低炭素まちづくり計画作成マニュアル」[*2]の考え方に基づいて求め、人口当たりの量に換算した上で、ロジスティック曲線に当てはめてBAU比の削減程度でLの評点を定める。環境負荷は、対象地域にお

表1 CASBEE-街区のQの評価体系

大項目	中項目	小項目	着目する観点
Q1 環境	資源	水資源	上水道、下水道
		資源循環	建設、運用
	自然	緑	地上部緑化、建築物上緑化
		生物多様性	保全、再生・創出
	人工物	環境配慮建築物	建物のCASBEE評価
Q2 社会	公平・公正	法令遵守	関係法令の遵守と検証
		エリアマネージメント	地域コミュニティの連携、推進体制
	安全安心	防災	防災基本性能、災害対応性能
		交通安全	歩車分離等の実施
		防犯	セキュリティ対策
	アメニティ	利便・福祉	生活利便、福祉健康・教育
		文化	歴史・文化、景観
Q3 経済	交通・都市構造	交通	交通施設整備、物流マネージメント
		都市構造	上位計画整合性・補完性、土地利用
	成長性	人口	常住人口、滞在人口
		経済発展性	活性化方策
	効率性・合理性	情報システム	情報サービス性能、街区マネージメント
		エネルギーシステム	需給システムのスマート化、更新性・拡張性

表2 CASBEE-街区のLの評価体系

分野	着目する観点
L1 交通	街区の施策により削減される、交通分野で発生する二酸化炭素排出量
L2 建築	建築物の省エネ対応により削減される二酸化炭素排出量
L3 みどり	緑化の推進により増加する二酸化炭素吸収量

ける事業に起因する二酸化炭素排出量の削減量を評価することとなり、これはフロー的な評価となっている。低炭素化努力は不断に進めるべき努力目標であり、一定の排出量で満点になるという性質のものではないという考え方に基づいて、このような仕組みにした。

「CASBEE-街区」の評価結果は、主として以下の3つのチャートで示される。

第一に、環境効率図（図2）である。最終的な評価結果である環境効率はQ/Lとして算出される。環境、社会、経済の観点から評価が高ければQが高くなり、二酸化炭素排出量の削減が大きければLが小さくなるため、どちらも環境効率が高いという評価になる。そのレベルに応じて、対象区域が格づけされ、星印の数として象徴的に表現される。

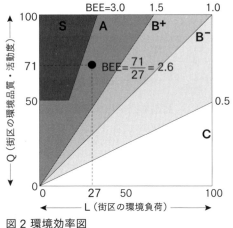

図2　環境効率図

第二に、二酸化炭素排出量を交通再編に起因する排出量、民生エネルギー消費に起因する排出量、緑化に起因する吸収量に分解したバーチャート（図3）である。これにより、地域にお

ける絶対的な排出量を知ることができる。「CASBEE-街区」ではLを削減量（LR）で評価するために、地域の絶対的な低炭素化の状況を直接知ることができない。その意味では、環境効率図を補完する重要な情報を提供するものとなっている。

第三に、Q1、Q2、Q3、Lの水準を5段階スケールで示したレーダーチャート（図4）である。これにより、対象地域の各項目の水準を分解して知ることができ、地域の特徴を知ることができる。

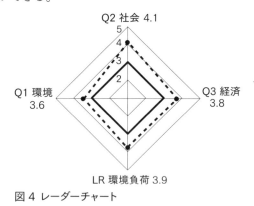

図4　レーダーチャート

詳細な評価システム体系の説明や評価ツールの最新版については、CASBEEの統合サイト[*3]を参照されたい。

*1：一般社団法人日本サステナブル建築協会内に設置された「CASBEE-街区検討小委員会」（村上周三委員長）ならびにケーススタディWGの活動成果の一部であり、関係各位のご協力に謝意を表する。「CASBEE-街区」は、国土交通省住宅局および都市局の支援を受けて開発された。「CASBEE-街区検討小委員会」の委員構成は以下の通りである。委員長：村上周三、委員：浅見泰司、伊香賀俊治、内池智広、加藤孝明、蕪木伸一、川久保俊、川除隆広、工月良太、桑原正明、佐土原聡、篠崎道彦、高井啓明、中村英夫、橋本崇、林立也、松野秀生、宮森剛、室町泰徳、山口信逸。なお、「CASBEE-街区」は改良されていく可能性があり、最終版は本稿と若干異なる可能性もある。

*2：http://www.mlit.go.jp/toshi/city_plan/eco-machi-manual.htmlを参照。

*3：http://www.ibec.or.jp/CASBEE/を参照。

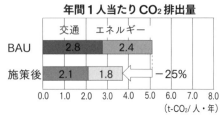

図3　バーチャート

3-2-4
建物がつながることによる低炭素化等の効果

竹中工務店　垣田 淳・宮﨑 貴士

　職場で、スマートシティに関する提案競技を行った。3.11.以降の課題、地方人口の縮小と都市化の課題、今後パラダイムシフトが起こるのかなどを考え、私たちが携わる建物や街区が、2025年にどうあるべきかを提案するものである。ここでは二つの提案事例を紹介するとともに、関連して低炭素化の効果等について考えたい。

1　丘と谷のつながりの提案

　この提案は、江戸から続く地形を活かした東京の再生である。18世紀初頭には人口が100万人を超え、世界一の都市ともいわれた江戸の町は、丘と谷が混在する地形に形成された循環型の田園都市であった。

　明治以降の近代化により東京は急速な成長と拡大を遂げ、便利な生活を享受できるようになった代償に、江戸に見られた自然と共生する都市の姿を失った。そして東日本大震災が起きた2011年3月11日以降、改めて自然の脅威を認識させられるとともに、20世紀型の都市システムの限界を知った。

　今後人口が縮減していく中で、近代化の都市遺産を継承した都市の未来像を描くことが必要である。東京に残る丘（山の手台地）と谷（低地、窪地、川）による微地形に形成された江戸の町の骨格に着目し、その骨格を下敷きとした現代におけるコミュニティの拠点づくりと、人と自然のネットワークのつながりを提案する（図1）。

　丘にはコミュニティの拠点を置き、一方で、谷には人と生態系のネットワークを形成していく。谷には緑のネットワークを展開し、生態系のつながりを持たせ、道路はコンバージョンされ、人々の流動のネットワークとなっていく。

2　既存街区におけるエネルギーネットワーク再構築の提案

　この提案は、既存街区の中にすでにある未利

谷に展開する緑のネットワーク

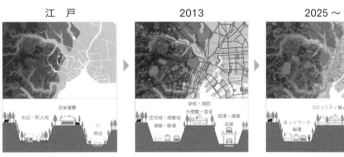

図1　江戸から続く丘と谷の地形を活かしたネットワークづくり

用エネルギーとICTとの活用を図り、ネットワーク化して街区全体で有効利用するというものである。

街区内にはさまざまな用途の建物が存在する。オフィス、飲食、物販、集合住宅、クリニック等である（図2）。これらの電力需要や熱需要は、冷房・暖房・給湯の別、使用時間の相違など、融通することによって、街区全体の電力・熱需要のピークを抑制し、全体としての供給容量を抑制することができる。街区のBEMS（Building Energy Management System）が統合され、CEMS（Cluster/Community Energy Management System）として活用されれば、参加建物同士が共有情報を見ながら、また曜日や時間によって変わるダイナミック・プライシングを見ながら、需要家側が電力消費を抑えるデマンド・コントロールを行っていく。昼休みや夕食時、土日などに、集客する用途（飲食、サービス等）の空調を維持し、一方でオフィスなどの空調を停止するなど、街区全体の取組みも可能性がある。このような活動から、ピーク削減だけでなく、街区全体のエネルギー消費量、電力消費量も削減され、低炭素化が実現される。

これは、都心部400m×400mの既存街区の例である。熱供給、蓄熱、発電、貯水などの拠点となるエネルギー・マネージメント・ユニットが街区内にほぼブロックごとに配置される（図3）。このユニットはすべてセットになる場合も、一部がある建物に設置される場合もある。ネットワーク化された分散システムなので街区供給能力はコンパクト化され、かつ街区のBCP（Business Continuity Plan）を向上させることができる。

さらに、この街区にデータセンターがあった場合を想定してみる。データセンターには大量の廃熱があり、これらを周辺建物の冷暖房・給湯にフル利用するというものである。最新のヒートポンプを活用し、温水を取り出す廃熱回収により、熱需要を飛躍的に削減することが可能となる（図4）。

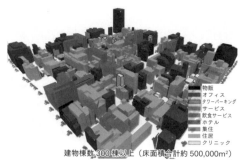

図2 既存街区概要

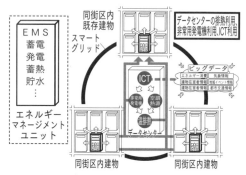

図3 システム概要

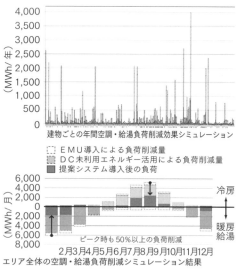

図4 負荷削減シミュレーション

以上、技術的な可能性について述べたが、ミックスト・コースで街区内がつながりを深めていくことが将来のライフスタイルにどう影響していくのか、エネルギーユニットやデータセンターのセキュリティ、一方で施設が人々に認識されること、データセンターのたとえば10年ごとの変化予測など、まだ見えてこない課題も多い。

3-2-5
欧州のスマートシティ調査から考える建築とスマートシティの関係

竹中工務店 **梅野 圭介、齋藤悠磨、小山内寛、小杉嘉文、宮﨑貴士、平岡健太郎、君塚尚也**

2013年11月に欧州でスマートシティに関する調査を行ったが、その調査から建築とスマートシティの関係について考えてみる。調査場所は以下のような都市、地区である。

- コペンハーゲンのオアスタッド地区（リニア型都市開発と交通網）
- マルモのヴェストラハムネン地区（造船場跡地のスマートシティ化）
- ハンブルグのIBA（低利用地開発）、ハーフェンシティ（EU最大の開発）
- フライブルグ、カールスルーエの交通網
- ヴォーバン地区（地方都市における都市計画とゼロカーボン化）
- ロンドンやミュンヘンのオリンピックパーク

1 再開発地区と歴史地区、都市計画

以前の用途はさまざまであり、画一的でない規制や開発が行われている。新興地区、歴史街区、ブラウンフィールド（土壌汚染の可能性がある、もしくは発生している土地）や見捨てられた場所などが開発の対象となっており、ごみ捨て場、低利用地、湿地、造船所跡地、軍用空港などの跡地の再開発を実施している。

都市ごとに特徴は異なるが、目指すべき都市のビジョン、マスタープランがあり、それに向けての長期の都市計画、そして常に改善する自治体の牽引力、市民の参加意識の高さがある。市民には、高齢者、子育て世代、勤務者、異文化民族とさまざまなレベルで積極的にコミュニティを形成していく意識の高さがあり、さらに、より良い生活とは何かを、お仕着せではなく、自分たちでよく考え、ルールをつくり、ルールを守る。都市については個人主義では立ちいかないことが理解されているようだ。

コンパクトな都市をつくる政策は、人口縮減の地方都市において進められる傾向にあり、人口の割に中心市街地に活気があり、エネルギーや環境の面でもうまく進んでいるようである（図1）。

図1 ハンブルグ・ハーフェンシティ

ドイツの住宅供給は、守る場所、開発する場所の共存を目指し、開発を抑制しながら長い年月をかけた再開発によって、街に懐の深さを与えている。住宅供給は、人口統計、人口予測に基づいて行われ、市営賃貸が多く、減築も行われている。住宅供給量の制限がないと既存社会ストックを陳腐化させるが、そのような開発はしていない。ロンドンのオリンピックパークでは、オリンピックとレガシー（オリンピック遺産）の事前計画が行われていた。また、歴史街区に関しても、再生し、賑わいを取り戻す実例が見られる。都市計画の長期ビジョンでは、計画案を開示し、市民と議論し意見を反映していく姿勢が見られ、建物の配置までの綿密な計画に基づいて、開発公社による確実な実施が行われている。

2 エネルギー

エネルギープラントは街の中心にある。地区エネルギー公社による電気・熱の地域併給が一般化しているのは、歴史的にDHC（地域冷暖房）の普及が進んでいるためで、再開発とDHCはセットと考えられている。温水主体で冷房がないためにシステム的にはそれほど高度ではな

いが、温水の導管を街に敷設し、戸建住宅やビルがDHCと熱を受給する制度が整っている（図2）。

エネルギー政策に関しても、前向きに新しいことにチャレンジし、運用し、効果を上げ、その成果を他の自治体に提案していく好循環が見られる。エネルギー産業が参入する垣根が低いため、自由化が進んでいる。

太陽光、風力、バイオマス、太陽熱などの多様な再生エネルギーの供給率は、調査地域の実績・目標では20～60%であった。都市のスマートグリッドはまだ実証実験の段階である。一方、エネルギー自立を目指す小都市では、自給を達成しているところも数カ所あると聞いている。

3 交通

鉄道・バス・自転車のシームレスな接続が、街中で広く実践されている。既存都市において、トラム（路面電車）と自転車と自動車の連携に対し、各都市の取組みが真剣に行われている（図3、4）。調査先では、どこまでも自動車で行けるようにといった前提がなく、自動車メーカーの城下町でも、生活が優先されている。調査都市では自転車通勤が当たり前となっていて、ロンドンは、オリンピックを経てかなり自

図3 フライブルグ・ヴォーバン地区のトラム線路

図4 カールスルーエのトラム乗り場

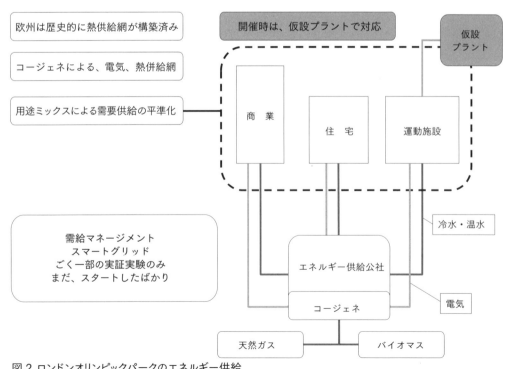

図2 ロンドンオリンピックパークのエネルギー供給

転車向きの都市になり、またランナーの数も増えたといわれる。

　開発をする際、トラムまで歩いて何分、日用品の店まで何分との規制があり、トラム、インフラが整備されていないと開発が許可されない仕組みがある。これは、社会ストックを陳腐化させないためには有効である。また、スモールシティに向けた交通網整備のあり方は景観デザインと同時に考えていく必要がある。

　一方、日本の首都圏の交通網（JR、私鉄、都バス、市バス、私バス）の多層化は世界一である。ロンドンもかなり多層化が進んでいるが、一つの目的地へのルートは複数あるものの、東京以上とは感じられない。電子マネーによる統一通貨も日本がトップランナーである。欧州はカード支払い先進国だが、スイカやパスモのほうが便利に感じられる。

4　生活の質・防災

　生活の質に関することでは、混合用途による職住近接が歴史的に長く継続されている。地上階店舗・中間階事務所・最上階住居等の混合用途が一般化しており（図5、6）、そのエリアではエネルギー需要の平準化、供給システムのコ

図6　コペンハーゲン・オアスタッド地区の職住近接

図7　ハーフェンシティの洪水防災対策と親水空間

ンパクト化が図られている。また、歩行者空間、水辺空間、大型都市公園などの充実を図っている。

　防災に関することでは、防波堤を使わない街

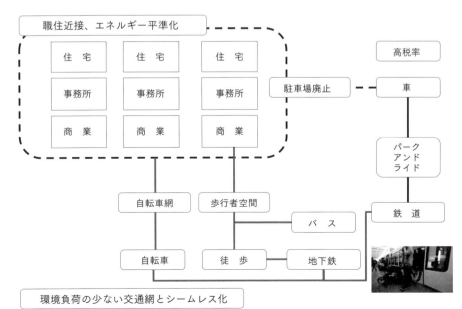

図5　職住近接・エネルギー平準化・交通網

並みづくりの事例、洪水対策などの実施例が見られた（図7）。しかし、調査の範囲では、日本における地域防災やDCP（緊急時地域活動継続計画）のような事例は見られなかった。

5 視察地の実施状況と建築の関係

調査した欧州の都市では、エネルギーの需給調整や相互融通を行うスマートシティが実践的に進められている状況までは、まだ見られなかった。しかしながら、電力と熱の地区併給やシームレスな交通、市民と対話しながらの都市計画の実践など、学ぶべき点も多かった。

スマートシティを推進するための開発は、建築単体の領域から、エネルギーマネージメント、コミュニティの生活の質、行政、交通へと大きく拡大し、またそれらが複雑に絡み合っている。私たち建築設計者には、人々が活動する場としての建築の領域をベースとしながら、都市への接続領域を広げていくことが求められていると感じる。たとえば、エネルギーマネージメントの分野では、先行するエネルギー会社との連携を強化すること、電気・熱エネルギーの接続技術を進展させること、都市環境のシミュレーションの深化、エネルギーマネージメント実証実験への参画などがあるだろう。コミュニティ・生活の質の分野では、地域の快適性・利便性の客観的分析とデータ共有、エンドユーザーとの対話強化などがあるだろう。都市計画行政については、コンサルタント業務の強化、川上のビジネス拡大、開発・交通網についてはスモールシティ化、郊外問題の研究、交通評価などについての役割拡大があるだろう。それらを今後の課題と位置づけたい。

図8 調査都市の各視点からの特徴

3-3
エネルギーの有効利用から見た具体的効果の事例

竹中工務店　**高井 啓明**

　本節では、スマートシティの効果とはいったいどのようなところで現われるのかを、いくつかの事例を通して紹介したい。ピークカットのみならず、総量としてのCO_2排出量の削減が図られる効果が得られているのか、あるいは地域連携での防災が向上したメリットを獲得しているのかなどについて、いろいろな方々に論じてもらったものである。

　本節は以下の4項目から構成されている。
3-3-1　デマンドレスポンスとダイナミック・プライシング（前 真之）
3-3-2　地区防災拠点の事例（世利公一）
3-3-3　横浜市のスマートシティ実証事業の現状（信時正人）
3-3-4　北九州スマートコミュニティ創造事業（松岡俊和）

　3-3-1では、デマンドレスポンスやダイナミック・プライシングが、アメリカと日本においてどのように進展しているかを紹介する。3-3-2では、地区防災拠点としてのキャンパス計画の事例を、3-3-3では、スマートシティ実証の行われている横浜市の取組みと実証結果を、併せて3-3-4でも、スマートコミュニティ実証の行われている北九州市の取組みと実証結果を紹介する。
　スマートシティの実証や効果の検証は、今、始まったばかりである。単に技術的側面だけでなく、地域や都市に与える影響を長期にわたって観測していく必要があることは異論のないところであるが、一方では効果を早い段階で顕在化し、普及促進や適用拡大を促し、推進力を与えていくことが大変重要でもあると考えられる。

　本節の紹介事例は進行形の情報も多く、原稿執筆時点の内容にとどまっている部分もある。特に、3-3-3の横浜市の事業や3-3-4の北九州市の事業については、最新の内容がウェブで公開されている。個別に参照いただけると幸いである。

3-3-1
デマンドレスポンスとダイナミック・プライシング

東京大学准教授　前 真之

1 デマンドレスポンス

デマンドレスポンス（DR：Demand Response）は「需要応答」のことで、電力供給側からの要請によって需要家が電力消費をコントロールすることである。価格メカニズムによる電力料金ベースと、需給調整契約などによるインセンティブベースの二つに大別される（表1）。要請に対して需要家は、電力使用を他の時間帯にシフトするか、使用量を控えるなどの対応をとることが期待される。

電力料金ベースDRとしては、①TOU（Time of Use Pricing）、②CPP（Critical Peak Pricing）、③PDP（Peak Day Pricing）、④RTP（Real Time Pricing）などがある（図1）。TOUとCPPは需給逼迫時への対応が主目的であるが、RTPはより全体の需給調整が可能である。一方で、CPPやRTPは、需給逼迫時に電力価格が高くなるリスクを需要家が恐れて、この選択を避ける傾向が問題となる。ピーク時に需要を削減した場合に払戻しをする⑤PTR（Peak Time Rebate）が需要者に受け入れられやすいことから、近年注目されている。

表1　電力料金・インセンティブDR手法の例

電力料金ベースDR
①Time of Use Pricing（TOU） 使用単価が、その期間の平均の発電・送電コストを反映して、通常1時間以上24時間以内の間隔で変化するプログラム。日本の深夜電力や季節別時間帯別料金もTOUの一種。
②Critical Peak Pricing（CPP） 卸売価格高騰時やシステムの不測事態に、限られた日数や時間にあらかじめ指定された高い価格を課すことによって、使用量の削減を目指す。
③Peak Day Pricing（PDP） 年間10日程度を電力需要が集中するピーク・デーとする。ピーク・デーでは昼の価格がTOUより高額に、非ピーク・デーではTOUより低額。
④Real Time Pricing（RTP） 1日または1時間先を基本に電力卸売価格の変化を反映させ、電力小売価格を毎時間もしくはさらに頻繁に変動する料金構造。
⑤Peak Time Rebate（PTR） 割高な料金を提示するのではなく、需要を削減した場合に払戻しをする。

インセンティブベースDR
Direct Load Control プログラム設置者が直前の通知により、顧客のエアコン等を遠隔で遮断などする手法。一般家庭や小規模商業者向け。
Interruptible Load 供給側の不測事態において需要者が負荷低減や遮断に同意する代わりに、料金割引等を提供する契約。
Demand Bidding and Buyback 小売・卸売市場において、需要家の負荷低減を取引する。アグリゲーターが個々の需要家を仲介するのが一般的。

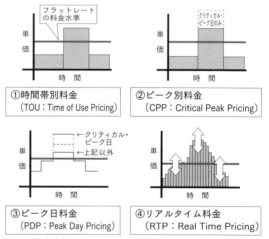

図1　電力料金ベースDRの料金メカニズム

②③④⑤は需給や市場動向に追随するので、ダイナミック・プライシングとも呼ばれる。デマンドレスポンス実施には、電力消費量と電力料金の情報がすべての利用者にとって利用可能でなければならないが、RTPの場合はリアルタイム性が問われるため、スマートメーター等の双方向の通信機能を持った機器が必要となる。またCPPでも、事前に「需給が逼迫すると予想されるため料金が上がる日時」は通知されるも

のの、自動的に対応（自動DR）するためには、電力供給側の情報に応じて自動制御を行うスマート機器（スマートメーター、スマートサーモスタット、スマート家電など）が必要になる。

インセンティブベースDRは、卸電力価格の高騰時や需給逼迫時に、電力消費を抑える（負荷抑制、負荷遮断）契約を結ぶことにより実現する方法である（図2）。こうした需要家による削減量を供給量と見立てて、発電事業者など供給側と市場などで取引することをネガワット取引という。複数の需要家の需給を取りまとめて取引に参加するアグリゲーター（需要応答プロバイダー）という事業者も登場している。料金ベース、インセンティブベースそれぞれの対応時間間隔を図3に示す。

2 アメリカにおける進展

アメリカは電力需要が増加する一方で電力系統設備への投資を抑制しているため、以前よりDRの活用が進められていた。現状でのDRポテンシャルは図4に示すように、そのほとんどがインセンティブベースである。半分は電力会社が需要家と直接契約するもので、工場やオフィス建築とInterruptible Load契約を交わすとともに、多くの家庭ともDirect Load Control契約を結んでいる。アメリカでは家庭でもセントラルエアコンを長時間運転しているため、遠隔制御により停止させることで大きな節電効果を得ることができる。

残り半分を占める電力卸売市場では、「アグリゲーター」と呼ばれる事業者が需要家の削減量を取りまとめて取引しており、エナーノック（EnerNoc）とコンバージ（Comverge）が2強である。

発電会社が電力市場における必要電力供給量を調達できない恐れが生じた場合、アグリゲーターは発電会社から発注を受け、同社と契約している電力需要家（工場やオフィス）に必要な

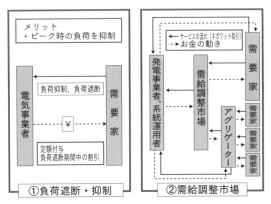

図2 インセンティブベースDRの手法例

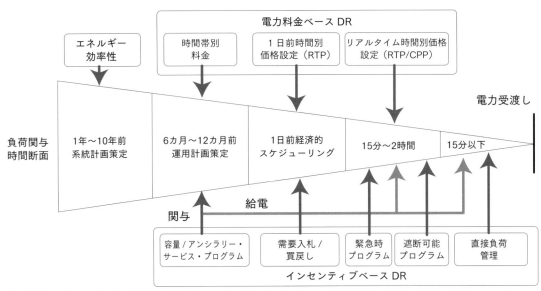

図3 デマンドレスポンスの対応時間間隔

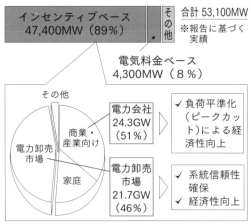

図4 アメリカにおけるDRポテンシャル

表2 アメリカにおける住宅DR実証事業の例

州	時期	参加者数（人）	実験料金の種類	ピーク需要削減率（量）の例
カリフォルニア	2003-04	2,500	TOU、CPP	13～27%削減（緊急ピーク時）
イリノイ	2003-06	1,500 (2005-06)	RTP	最大で15%の削減
カリフォルニア	2004-05	175 (2004)	CPP	43～51%削減（緊急ピーク時）
ミズーリ	2004-05	545	TOU、CPP	12～35%削減（緊急ピーク時）
カリフォルニア	2005	123	CPR	12%削減（緊急ピーク時）
ワシントン	2006	112	TOU、CPP、RTP	20%削減（緊急ピーク時）
コロラド	2006-07	2,900	TOU、CPP	15～54%削減（緊急ピーク時）
ワシントンD.C	2008-09	1,160	CPP、CPR、RTP	34%（夏季緊急ピーク時）

電力抑制量を割り振り、電力消費抑制を要請する。製造工場などで操業を急に止められない事業者については空調温度を下げるなど、需要家の特性に合わせた削減量の確保が工夫されている。

なお、現状においては電力料金ベースDRでのポテンシャルは小さいとされるが、今後は家庭用を中心に普及が期待される。すでに表2に示すような多くの実証が行われている。

3 日本における実証実験

日本では近年電力供給に余裕があったことから、主にTOUによる負荷平準化が実施されていたが、東日本大震災後の需給逼迫により、DRによるピーク抑制、需給調整が期待されるようになった。

日本においては、平日昼間のピークが主に業務分野から発生している。試算によると、東京電力管内の事務所ビルと小売店舗全体での2020年度におけるDRによるピーク削減ポテンシャルは、①電力負荷自体の削減、②自家発電源の

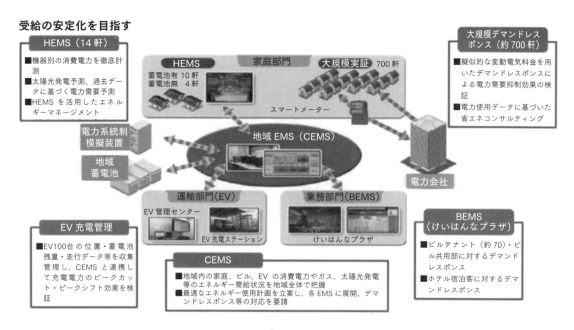

図5 「けいはんな学研都市」におけるDR実証事業[6]

余剰供給力の利用、③電力負荷のピークシフトにより、夏季平日13〜16時において、空調DRが75万kW、照明DRが41万kW、IT機器DRが12万kW、合計128万kWである。同時期の最大需要電力予測6,410万kWと比較すると約2%に相当し、安定供給に最低限必要とされる供給予備率が3%ほどであることを考えると、DRの電力安定化への貢献に大きな期待が寄せられる。

経済産業省と次世代エネルギー・社会システム協議会により、産業・業務・民生全体を対象としたスマートコミュニティ実証地域として、横浜市・豊田市・けいはんな学研都市・北九州市の4市が採択され、2012〜2014年度に実証実験が実施されている（図5）。

図6に、「けいはんな学研都市」の実証実験での、住宅における電気料金ベースDRの実施結果を示す。ピーク時間帯に電力料金を割高にす

実証概要

○実証期間：平成24年12月17日(月)〜平成25年2月28日(木)
○デマンドレスポンス(DR)の時間帯：平日18時〜21時(3時間)
○DRの料金設定：
　(1) 平日料金（TOU）：20P/kWh
　　　（平日18時〜21時の単価＝時間帯別料金（TOU））
　(2) CPP料金：平日料金の2倍（40P）、3倍（60P）、4倍（80P）
　(3) 配布ポイント：16,000P（ポイント）
　　　※DR実施時間帯の電気使用量に応じて減算し、
　　　　残ったポイントを1P＝1円で換金
○DRの実施回数：24回（40P、60P、80P各単価×8回）

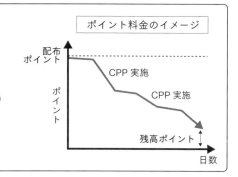
ポイント料金のイメージ

実証項目

①お知らせの効果
　節電のお願いを「お知らせ」することによる、電力需要抑制効果
②-1　時間帯別料金「TOU」の効果
　平日料金（TOU）による、電力需要抑制効果
②-2　ピーク時変動料金「CPP」の効果
　CPP実施（平日料金の2倍〜4倍に変更）による、電力需要抑制効果

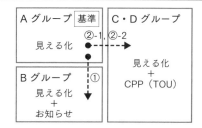

夏季（H24、25年度）

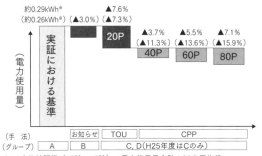

冬季（H24年度）

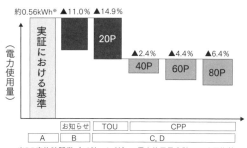

※DR実施時間帯（13時〜16時）の電力使用量合計の30分平均値。
（ ）：H25年度夏季と同じ気象条件下としたときのH24年度夏季の結果を示す。

[参考]
(1) 分析手法：重回帰分析を採用
(2) 気温・湿度条件：気温35℃、湿度50%
(3) 見える化効果：H24年度、3.9%　H25年度、3.7%
　　　（実証世帯とは別の約150世帯を無作為に抽出しAとの比較で算出）

※DR実施時間帯（18時〜21時）の電力使用量合計の30分平均値。

- TOUの需要抑制効果はH24、25年度で同程度
- CPPの需要抑制効果はH25年度に各単価とも減少

- 夏季に比べ、TOUの需要抑制効果が大きい

図6 「けいはんな学研都市」の住宅でのDR実証実験結果[6]

るCPPでは高いピーク抑制効果が、冬季・夏季ともに確認されている。

〈参考文献〉
1)『大和総研レポート』2011年11月2日「電力不足解消のカギは家計部門にある　価格メカニズムとスマートグリッドの活用で需要をコントロール」
2)「環境ビジネスオンライン：アメリカのディマンドレスポンス最前線(2)」〜最大20％のピークカットへ〜、加藤敏春、2012年9月10日
3)「アメリカと日本のディマンドレスポンス最前線(7)」〜日本におけるアグリゲーターのピーク需要抑制効果〜、加藤敏春、2012年10月23日
4)「アメリカと日本のディマンドレスポンス最前線(9)」〜世界最大の需要応答企業「エナーノック」のビジネスモデル〜、加藤敏春、2012年11月12日
5)『電力中央研究所報告：業務部門のデマンドレスポンスによる需要調整の技術的ポテンシャルの評価』、高橋雅仁他、2009年5月
6)「次世代エネルギー・社会システム協議会資料：けいはんな次世代エネルギー・社会システム実証プロジェクトの取り組み状況について」、2014年5月19日

3-3-2
地区防災拠点の事例

竹中工務店　世利 公一

地区防災拠点の事例として、小学校から大学までを併せ持つキャンパス計画を紹介する。

1　関西大学高槻ミューズキャンパスの概要

本建物は、小学校・中学校・高等学校・大学・大学院・生涯学習センターを一つの建物に併せ持つ、他に類を見ない「総合教育施設」である。また、地域開放施設と防災拠点機能を兼ね備える「社会貢献型都市キャンパス」としても位置づけられている。収容人員は教職員を含めて2,520人と想定している（図1）。

図1 関西大学高槻ミューズキャンパス

建築概要：

敷地面積	17,584.01㎡
建築面積	7,759.14㎡
延床面積	53,033.96㎡
最高高さ	55.78m

2　地区防災拠点の計画

高槻市が提唱する「安全・安心のまちづくり」に貢献するため、「社会貢献型都市キャンパス」を目指し、災害時には地域の防災拠点となるべく、避難所機能を備える計画とした。

建築主のニーズも踏まえた環境・設備計画は、次の三つの基本方針から構成される（図2）。

建築主ニーズ
「社会貢献型都市キャンパス」を目指した環境・設備計画

基本方針		
Ⅰ．安全・安心のまちづくり	Ⅱ．安全・安心のキャンパスづくり	Ⅲ．ECOキャンパスづくり

具体的実現方法		
地域防災拠点としての設備機能確保 ⇒災害時を想定した電力、上下水のインフラ整備	児童、生徒、学生の安全・安心の確保 ⇒幅広い年齢層の人間が混在する建物のセキュリティ設備と災害時の順次避難計画の構築	環境配慮技術の積極的採用とエネルギーの有効利用 ⇒コージェネレーション設備等のエネルギーを有効に活用できるシステムの採用 ⇒太陽光・風力発電設備の採用

成果		
・特高本予備受電、高圧予備受電、非常用発電機兼用コージェネレーションシステムによる災害時の電力の確保 ・約1カ月分の生活用水、約1週間分の排水貯留スペースの確保 ・災害用備蓄倉庫の確保	・小中高生を守るセキュリティ設備を充実 ・設計時に立案した順次避難計画に基づいて、地域とキャンパスが一体となった合同防災訓練を実施	・平成24年度のキャンパス一次エネルギー消費実績を約30％削減 ・CASBEE評価でSランクを達成 ・エネルギーや、キャンパスの取組みを見える化 ・エネルギー検討会(1回/月)により、フォロー

図2 環境・設備計画の概要

Ⅰ．安全・安心のまちづくり：地域防災拠点としての設備機能確保（災害時を想定した電力、上下水のインフラ整備）

具体的には、特高本予備受電、高圧予備受電、非常用発電機兼用コージェネレーションシステムによる災害時の電力の確保、約1カ月分の生活用水、約1週間分の排水貯留スペースの確保、災害用備蓄倉庫の確保を図った。

インフラの復旧状況や避難所の生活実態は、阪神淡路大震災、新潟中越地震を参照し、災害時の避難所にアリーナ・武道場を想定（収容人員約400人）した。

災害時に必要な電力の確保は、保安電源や火災時の非常電源だけでなく、日常の商用電力使用量を抑え、空調負荷や給湯負荷に排熱を利用することで、エネルギーを有効に活用するシステムとしての役割も担っている（図3）。

災害時に必要な給水は、受水槽2基分の上水とプール用水浄化システムによる浄化水により、約400人1カ月分の生活用水が確保されている（図4）。災害用備蓄倉庫には、非常食、飲用水、組立て式マンホールトイレを備蓄している。

Ⅱ．安全・安心のキャンパスづくり：児童、生徒、学生の安全・安心の確保（幅広い年齢層の人間が混在する建物のセキュリティ設備と災害時の順次避難計画の構築）

具体的には、小中高生を守るセキュリティ設備を充実させ、設計時に立案した順次避難計画に基づいて、地域とキャンパスが一体となった地域防災拠点としての合同防災訓練を実施している（図5）。

Ⅲ．ECOキャンパスづくり：環境配慮技術の積極的採用とエネルギーの有効利用（コージェネレーション設備等のエネルギーを有効に活用できるシステムの採用、太陽光・風力発電設備・雨水利用・クールアンドホットチューブ等の採用）

具体的には、キャンパス一次エネルギー消費実績を約30％削減（図6）し、エネルギーや地域防災拠点としての取組みの「見える化」などを実施している。

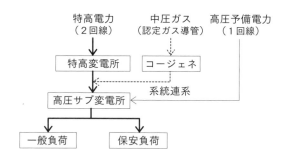
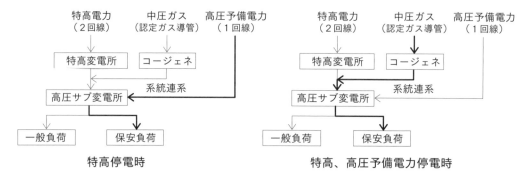

図3 災害停電時の電力供給フロー

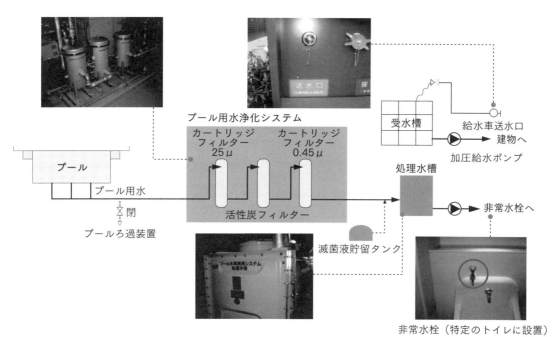

図4 非常時給水供給システムフロー

図5 高槻市との合同防災訓練(2011年11月)

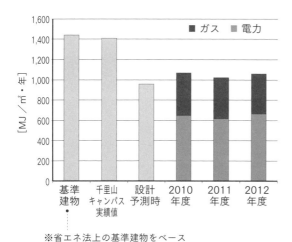

※省エネ法上の基準建物をベース
図6 エネルギー消費量実績値

熱源については、コージェネレーション設備の排熱を利用したガス吸収式冷温水発生器と空冷ヒートポンプチラーなどによる、電気・ガスのベストミックス（割合は50/50）の構成としている（図7）。コージェネレーション設備による排熱は、需要が安定している空調に優先利用している。また自然エネルギーを積極的に有効活用し、太陽光発電パネル（約10kW）、風力発電（3kW／3本）を設置している。

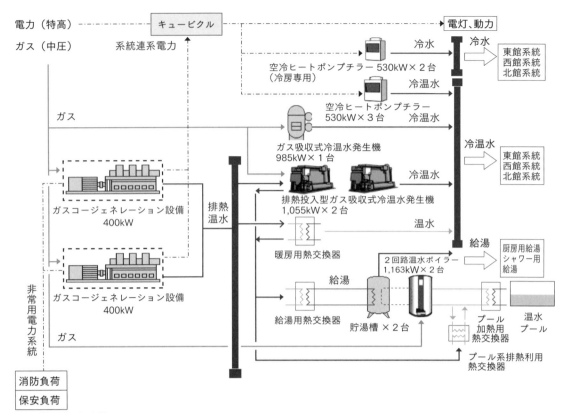

図7 熱源概略系統図

3-3-3
横浜市のスマートシティ実証事業の現状

横浜市温暖化対策統括本部理事　信時 正人

「環境未来都市」構想は、環境や高齢化対応等の人類共通の課題への対応について、「環境」「社会」「経済」の三つの側面からトータルで新たな価値を創造していく都市と定義されている。「誰もが暮らしたいまち」「誰もが活力あるまち」を実現し、人々の生活の質を高めることを基本コンセプトにしている。横浜市は国からその一つの都市として選定されており、その中核プロジェクトの一つとなっているのが「横浜スマートシティプロジェクト」（YSCP）である。YSCPは2010年に経済産業省の「次世代エネルギー・社会システム実証地域」に選定されており、日本型スマートグリッドの構築や海外展開をするための取組みとして位置づけられている。

横浜市の実証事業の現状について報告する。

1　推進体制と規模

2011年、横浜市と民間企業（アクセンチュア、東芝、日産自動車、東京ガス、パナソニック、明電舎等）はYSCPの推進組織であるYSCP推進協議会を設立、運営会議等を定期開催し、プロジェクトを進めている。2012年度は全部で14のプロジェクトが市内各地で繰り広げられ、参加企業は全部で35社となっている（図1）。これら次世代エネルギー・社会システム実証地域の事業に採択されたプロジェクトを核としつつ、他の環境関連プロジェクトとも連携して実証事業を展開している。

YSCPでは、横浜という多様な地勢を有する大規模既成市街地にて、地域のエネルギーマネージメントシステム（CEMS）、家庭のエネルギーマネージメントシステム（HEMS）、ビルエネルギーマネージメントシステム（BEMS）、次世代交通システム（充放電対応のEV（電気自動車）、蓄電池付きの充電インフラ）などを導入・連携することにより、将来見込まれる再生可能エネルギーの大量導入を支えるとともに、市民に「低炭素かつ快適なライフスタイル」を提供するスマートグリッドインフラを構築することを掲げている。東日本大震災後には、エネルギー逼迫時や危機発生時のエネルギーセキュリティ強化の必要性も重視し、電力のピークカット、ピークシフト、非常時対応に資する仕組みも強化している。

YSCPでは最先端のエネルギーマネージメントシステムの開発とともに、創蓄エネルギー機器の大量導入を目指している。具体的には、2014年度までに4,000件のHEMS、27kWのPV（太陽光発電）、2,000台のEVの導入目標を掲げた。PVおよびHEMS等の導入推進については、横浜グリーンパワー（YGP）モデル事業を活用し、市民に初期導入費用等の負担減を図るなど、廉価なパッケージ提供を推進している（図2）。

2　HEMSとCEMS

横浜グリーンパワーモデル事業でHEMSの導入を推進しており、2012年度末までで約2,500世帯が導入した（2014年度までの最終的な目標は4,000世帯）。DR（デマンドレスポンス）実証実験に参加することを条件とした世帯は、約1万円の出費で導入できる仕組みとした。また、東京ガス、JX日鉱日石エネルギーなどは、自社の社宅での実証実験を続けている。三井不動産レジデンシャルと東芝などは、自社開発のマンションで各戸にHEMSを装置した上で、一括でコントロールするMEMS（マンションエネルギーマネージメントシステム）の実証実験を実施している。

2012年度末までにHEMSを導入した約2,500

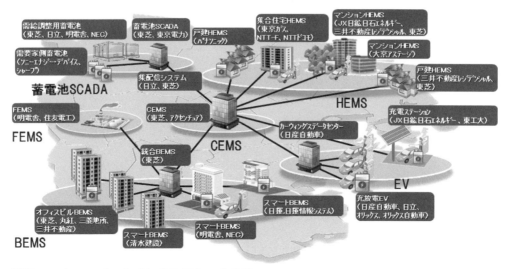

図1 横浜スマートシティプロジェクト（YSCP）の全体像

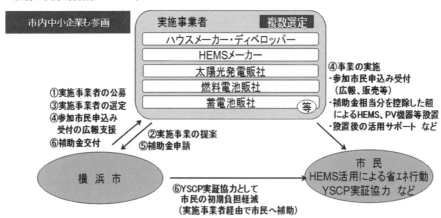

図2 YGPモデル事業（2012年度）のスキーム図

世帯のうちCEMSと連携した約1,900世帯を対象に、2013年7月から9月までの3カ月間にDRを柱とした省エネ行動実験を実施した。実施の概要は次の通りである。

- DR実施日数：2013年7月1日～9月27日の間の14日
- DR対象時間帯：13時～16時（平日）
- DR実施条件：電力需給の逼迫が予想される

日（前日の予想最高気温に基づく）
- 参加世帯数：約1,900世帯
- 参加企業：東芝、パナソニック、東京電力、アクセンチュア、三井不動産レジデンシャル

この省エネ行動実験では、太陽光発電システム付HEMS世帯（約1,200世帯）を対象に、時間ごとの電力料金を変更するなど、電力需要のピーク時間帯における電力需要の抑制効果などについて、実証実験を実施した（図3）。

電力使用のピーク時間におけるDR実証は、世界に例を見ない規模の太陽光発電を備えた家庭を対象としたものだが、最大で15.2％のピークカットを確認した。

図3からは、昼間に行ってきた家事などのより廉価な朝・夕へのシフト（図3のⒶ）、より廉価な料金設定の深夜帯に合わせた家電や給湯器などの使用（図3のⒷ）という行動パターンが想定される。

今後は、このHEMSを対象とした、次のような検証を計画している。

DRを要請しない住宅を基準にして、①TOU（時間帯別料金：時間によって電気料金を変えて消費行動を左右する）を適用した場合、②CPP（緊急ピーク時課金：電力需要がピークを迎える時間帯に料金を高額にする）を了解した場合、③PTR（ピークタイムリベート：電力ピーク時間帯に電力使用を抑制した量に応じてリベートを支払う）を実施した場合のそれぞれを比較する。この結果を参考にしながら、DRの効果が最大になるような電力料金プランやインセンティブを考えていく。

3 FEMS

住友電工横浜製作所にて、国内最大級の集光型太陽光発電機（最大発電量200kW）と世界最大規模のレドックスフロー電池（容量5,000kWh）を設置し、外部電力系統とも連携を持ちつつピークカット運用を行う。レドックス

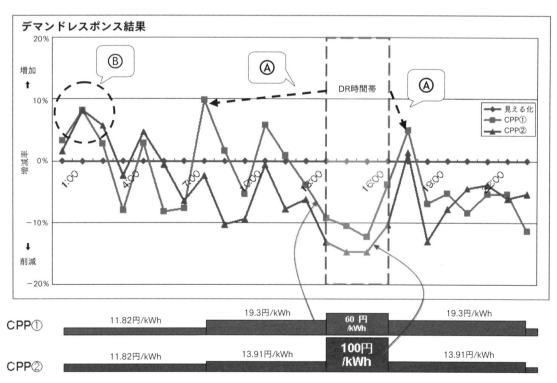

- DRを行っていないグループ（見える化）と行ったグループ（CPP①、②）との電気使用量の変化率の差を分析。
- 上図は見える化グループの変化率を基準（0％）とした場合のCPP①、②それぞれの増減を示したもの。
- 電力料金は実証実験用の仮想料金

図3 デマンドレスポンス（DR）の実証実験の結果

フロー電池は長寿命で非常に大規模な容量を持ち、太陽光発電機と既存のガスエンジン発電機を組み合わせたFEMSの実証実験を実施する。

4 統合BEMS

2013年冬季（1月）にBEMSを導入したビル6棟が参加し、電力のピークカット20％を目指す実証を実施した。実施概要は下記の通りである。

- 実施期間：2013年1月9日～29日のうち7日間、最高気温8℃以下の日（前日夜の予報に基づく）
- 実施時間帯：17時～20時（平日）
- 参加ビル：
  横浜ランドマークタワー
  みなとみらいグランドセントラルタワー
  横浜ワールドポーターズ
  横浜三井ビルディング
  大成建設技術センター
  イトーヨーカドー横浜別所店

期間中合計7回のDRを発行し、結果として最大22％のピークカットを実現した。

また、2013年冬季（1月）の実証に続き、夏季（7月～9月）においては、14棟のビル・工場・集合住宅が参加し、電力のピークカットの最大化等を目的としたDR実証を実施した。この実証においては、インセンティブ価格を3段階（5円/kWh、15円/kWh、50円/kWh）に変えることによる効果を検証した。

実証の結果、冬季実証に引き続きピーク時間帯の異なる夏季実証においても、目標値（ピークカット最大20％）を超える最大22.8％のピークカットを達成した。インセンティブ価格においては、15円/kWh以上でDRの効果が見られることを確認した（表1）。

5 蓄電池SCADA

2012年10月より、蓄電池SCADA（監視制御システム）とそれと連携する複数の定置用蓄電池システムが稼働している。系統電力のネットワーク上での蓄電池を使った実証は国内に前例がなく、非常に意義のあるものと考える。

需給調整などの必要性が生じた際に、電力会社の中央給電指令所や、CEMSからの指令を受けて、蓄電池SCADAが地域内に存在する異なるメーカーやスペックの蓄電池を一つの大きな蓄電池と見立てて、個々の蓄電池の充放電を制御する。これによって電力系統の運用者は、個々の蓄電池の状況を意識することなく蓄電池SCADAに充放電の指令を送るだけで、大量の蓄電池を使ったピークカット等を実施できることになる。現時点では、蓄電池SCADA内で上位エネルギーマネージメントシステム（EMS）からの指令を仮想的につくり出して実証実験を進めている（図4）。

表1 2013年度夏季実証結果（インセンティブ価格別受電電力削減率（全拠点平均））

インセンティブ価格	受電電力削減率	
	平均値	最大値
5円/kWh	2.1%	6.6%
15円/kWh	12.2%	22.8%
50円/kWh	12.7%	22.0%

＊統合BEMSによる国内大規模ビル間連携実証

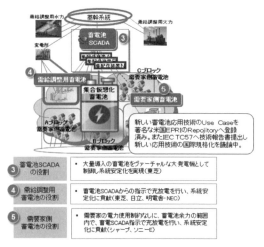

図4 蓄電池SCADAの概要

6 ヨコハマ モビリティ プロジェクト ゼロ（YMPZ）

　2009年、グローバル本社を横浜市に移した日産自動車と協定を結び、都心部では電気自動車の普及などによるゼロカーボン（CO_2排出ゼロ）、郊外部ではエコ運転の普及などによるローカーボン（低炭素化）を目指す交通システムとまちづくりの検討・実施を行っており、2013年が最終年度となっている。

　エコ運転を推進するプロジェクト（E1グランプリ）の市民への普及から、ITS（高度道路交通システム）を利用した渋滞回避システム等の実証等を目指してきた。当初の予定から変更はあったが、2013年10月にITS世界会議が東京で開催されることに関連し、横浜はテクニカルビジットの拠点の一つとなった。このため、2013年度に入り、「低炭素交通プロモーション」として企業や大学等に自主的に低炭素交通の技術や取組みを紹介するグループ等を募集し、これまで、EVやFCV（燃料電池自動車）、あるいは電動船の企画を受け、横浜市内で10月中旬から各自がプロモーション活動を繰り広げる。

　目玉として、特にYMPZの取組みの集大成として、2人乗り超小型電動車両の大規模な実証実験を行う。これまで、防犯活動、訪問医療・介護用、元町地区での観光・業務での試用、たまプラーザ地区での子育て世代による2週間の試用等、ミニEVを使った各種の実証実験を続けてきた。今般の実証では、国内初の超小型モビリティを活用した大規模シェアリングを実施する。

　概要は下記の通りである。
- 実施主体：日産自動車、横浜市
- 中心エリア：横浜都心エリア
- 期間：2013年10月～2014年9月（予定）
- 内容：
観光・業務・生活等における低炭素な移動手段としての有用性やビジネスモデルの検討等　約100台、約70カ所（約140台分）
　＊30台、約45カ所で開始し、順次拡大

運営方法はスマートホン/ICカードの活用
課金（20円/分）
　使用車種はNISSAN New Mobility Concept（リチウムイオン電池搭載、100%電動車両、定員2名、最高速度 時速80km）

注　本稿は2013年10月現在の内容である。

3-3-4
北九州スマートコミュニティ創造事業

北九州市環境局長　**松岡 俊和**

　北九州スマートコミュニティ創造事業は、新しい街づくりの中から生まれた事業である。日本の近代産業の発祥の地である八幡東区東田地区約120haを舞台に、2004年から「環境の街づくり」にチャレンジし、その一環として本事業が2010年からスタートした（図1）。新しいエネルギー社会像を目指す本事業の基本的な考え方は、需要家サイドに立ったエネルギーマネージメントである。本地域は太陽光発電、燃料電池、蓄電池などの機器を備えているが、それらの整備が目的ではない。こうした最先端の機器を、需要家が使いこなす新しい社会的な仕組みをつくることに事業の主眼を置いている。

　具体的な目標は、以下の3点である。
① 需要家がエネルギーの消費者＝Consumerにとどまらず、生産消費者＝Prosumerへの変革を目指す。
② Prosumerである市民や事業者が考え参加することで「デマンドサイド・セルフ・マネージメント（DSM）」を実現する。
③ ダイナミックプライシングの仕組みを導入する。

1　Prosumerへ向けての取組み

　東田地区はオフィスビル、マンション、商業施設など多様な施設が立地する、いわゆる「街」である。この街のそれぞれの施設は、それぞれの利用状況に合わせて太陽光、太陽熱、水素利用のための施設を備えている。また、基本的な電力は、隣接する工場のコージェネ施設からお裾分けしてもらっている（ちなみにコージェネから発生する熱は工場で使っている）。

　この街は、多様な電力供給、熱供給のための装置を持っている。需要と供給の関係の中で、

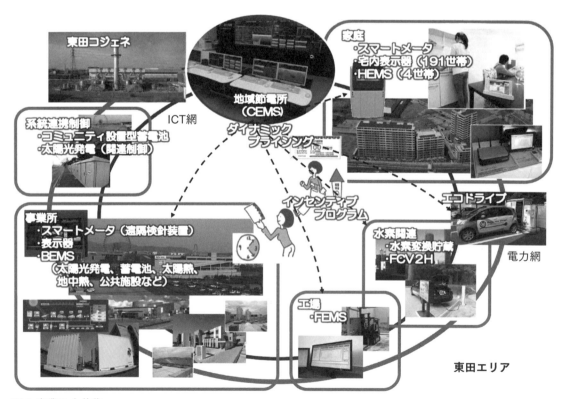

図1　事業の全体像

また、街全体のエネルギー供給状況、利用状況を見据えながら、この街の住民は、これらの装置をいかに有効に効率的に使いこなすかといったProsumerとしての立場から、この街のエネルギーマネージメントに参加している。

2 DSMの実現

日本は、エネルギーの供給サイド、いわゆる上流側からの仕組みは世界最先端といっても過言ではない。一方で、需要家側の取組みは、新エネ・省エネ装置の設置、節電の心がけといった単発的なものに限られ、その取組みを社会のシステムに組み込んで効果を高める仕組みはないに等しい。

東田の街を舞台にデマンドサイド・セルフ・マネージメント（DSM）の社会システムをつくろうという考えのもとに整備したのが「地域節電所＝CEMS」である（図2）。この街では、スマートメーターを媒体として、街全体の電力の供給状況、需要の状況、新エネや蓄電池の稼働状況をきめ細かく見ることができる。これは、街全体の電力使用のバランスをとる（平準化）ことにつながり、街としてのエネルギーの効率利用が可能となる。さらに新エネの効果的な活用にもつながる。需要家側から見ると、街の電力の状況に合わせて電力利用・新エネ活用などに取り組むことになる。個々の家庭・施設で取り組むエネルギーマネージメントが「個人戦」だとすれば、地域節電所の取組みは街全体の「団体戦」であり、それぞれの取組みが相乗効果をもたらす地域ぐるみのエネルギーマネージメントシステムが東田地区には整っている。

3 ダイナミック・プライシング

東田地区での取組みは、家庭、オフィス、店舗、工場を問わず地区内全員参加である。そのコミュニティの合意のもとに挑戦したのが、電気料金の変動によりエネルギー需要を調整するダイナミック・プライシング（DP）である（図3）。家庭では2012年から夏・冬の時期に、15円/kWhから150円/kWhの範囲で5段階の電気料金を設定し（図4）、実証実験を実施している。約200世帯が参加した2012年度の結果を見ると、13時から17時に延べ40日DPを発動した夏は9〜13％（表1、図5）、8時から10時および18時から20時に延べ42日DPを発動した冬は10〜12％のピークカット効果が得られた。2013年度以降も、新エネルギーの最大活用や事業所対象など別の角度からDPに関する実証を行っている。

こうした取組みを通じてわかったことは、社会的、経済的仕組みを設ければ、ライフスタイル、ビジネススタイルが変わりうるということである。参加者からは、ピーク時間帯に家族で散歩に出かける、皆が一つの部屋で過ごすなどの行動を通じて、家族のコミュニケーションが深まったなどの声も報告されている。

4 スマートシティとは

本事業が基本とするスマートシティとは、そこに住む人、働く人など街にかかわる一人一人が、それぞれの知恵と工夫により賢さを発揮できる街である。すでにこの街では、SHAREの考えのもとに、「おもちより」「わかちあい」「おすそわけ」により、小さいながらも、エネルギーをはじめとした新しい社会の仕組みが創造されつつある。この街は日本の近代産業の発祥の地であることを冒頭で述べたが、これからはこの街がグリーンイノベーションの街として成長していくことを期待している。

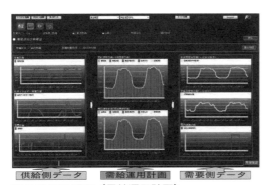

図2 CEMS画面（需給運用計画）

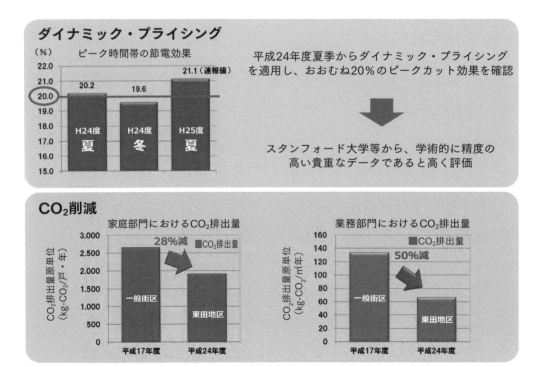

図3 事業全体の実証目標と達成状況

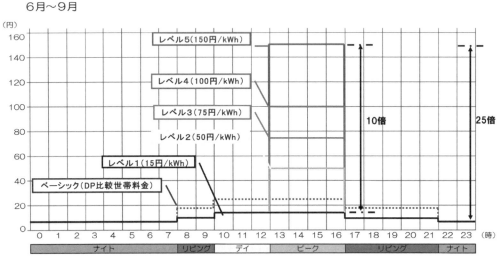

発動条件　予想最高気温が30℃以上でレベル2からレベル5のいずれかの料金を適用する。
　　　　　土日、祝日はレベル1を適用
通知のタイミング　需要家に対し、スマートメーターを通じて「前日15時ごろ」および「当日朝」に料金を通知する。
アカウントの配付　実証に参加する住民に対して、安心して参加してもらうため、アカウント（9,000円）を配付済み（従来料金より高くなった場合に差し引く）。

図4 ダイナミック・プライシング料金テーブル（家庭用・夏）

表1 夏季のピークカット率（2012年）

	円/kWh	ピークタイム 13:00〜17:00	前後時間 8:00〜13:00 17:00〜22:00	夜間 22:00〜8:00
レベル2	50	−9.03%	1.55%	4.22%
レベル3	75	−9.59%	3.10%	5.21%
レベル4	100	−12.55%	1.48%	4.78%
レベル5	150	−13.12%	1.15%	5.54%

2012年7月5日
6月29日(最高気温29.1℃)と7月5日(同29.9℃)のピーク時間平均電力使用量については、
　①料金変動させないグループは、0.25kWh(20.2%)増となり、
　②料金変動グループは、0.10kWh(8.3%)増となった。

省エネ効果　11.9%

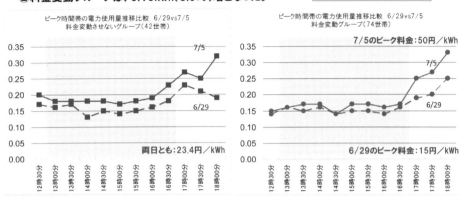

【6月29日（DP発動なし）と7月5日（DP発動日）との比較】
　【13:00～17:00における1世帯の平均電力使用量】
　　①料金を変動させないグループにおける電力使用量の増減　　+0.25kWh（+20.2%）
　　②料金を変動させるグループにおける電力使用量の増減　　　+0.10kWh（+8.3%）

2012年7月6日
6月29日(最高気温29.1℃)と7月6日(同30.6℃)のピーク時間平均電力使用量については、
　①料金変動させないグループは、0.44kWh(35.5%)増となり、
　②料金変動グループは、0.11kWh(9.1%)増となった。

省エネ効果　26.4%

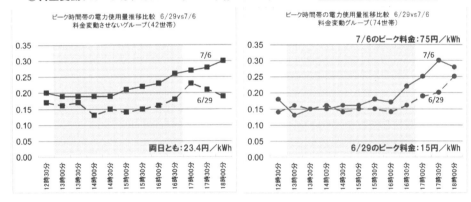

【6月29日（DP発動なし）と7月6日（DP発動日）との比較】
　【13:00～17:00における1世帯の平均電力使用量】
　　①料金を変動させないグループにおける電力使用量の増減　　+0.44kWh（+35.5%）
　　②料金を変動させるグループにおける電力使用量の増減　　　+0.11kWh（+9.1%）

図5　ダイミック・プライシング発動結果

第4章

サステナブル建築デザインの技法

4-1
コンピュテーション──サステナブル建築とスマートシティをつなぐもの

東京工業大学助教　川島 範久

1 スマートシティは建築の問題か

スマートシティ時代に「建築」に何ができるだろうか。日本における主たる動きとしては、2009年にリーディング企業群のジョイントベンチャーにより、世界最高水準の次世代環境都市（スマートシティ）の実現、普及を目指すためにスタートされた「スマートシティプロジェクト」[1]がある。このプロジェクトには現在27企業が参加しているが、そのうちいわゆる建設業を主たる業務としている企業はたった5社であり、多くはエネルギーと情報通信技術（ICT）に関する企業が占めている。これを見て、スマートシティは建築の問題ではないと思う人も多いだろうが、決してそんなことはない。エネルギーとICTを考えることで都市・建築がどう変わるべきかという問題を、われわれは突きつけられているのである。

(1)「スマートな省エネ」と「従来の省エネ」の違い

スマートシティはサステナブル建築の延長線上にあると筆者は考えている。そのため、まずは「スマートな省エネ」と「従来の省エネ」の異なる点を明確にしておく必要がある。二つの違いとしてまずあげられるのは、「スマートな省エネ」が目標とするものは、単体の建築におけるエネルギー消費を抑えることだけでなく、発電所における、つまり都市全体における発電量を需要に対して最小限にしようとする点である。そのために、①個々の建物での電力消費量を抑え（従来通りの省エネ）、②再生可能エネルギーもうまく利用し（従来通りの創エネ）、③電力需要を事前予測し、リアルタイムでも需要を把握し（スマートの特徴）、④時には運用方法の変更を要求し、ピークシフトを行う（スマートの特徴）。つまり、単体の建築だけで省エネをしているより、「総体」としての都市で行うほうがより省エネになる、という考えに基づいている。また、④のように、都市インフラ・建築・設備だけでなく、「人間行動（ヒューマン・ビヘイビア）」にも働きかける点が「スマート」の大きな特徴である。スマートメーターによって収集したエネルギー消費量に関するビッグデータを用いて、住居におけるユーザーの行動変容を促すHER（Home Energy Report）は、その事例の一つである。

(2) ソフトテクノロジーとサステナブルデザイン

以上のように、スマートシティは、単体だけでなく総体としての都市を対象としており、さらには人間行動にも働きかける点が特徴で、ICTがその根幹を担うことになる。一方、サステナブルデザインも、IT技術というソフトテクノロジーに支えられてきたデザインである。建築家・難波和彦は、サステナブルデザインについて次のように分析している。

> 20世紀初頭に勃興したモダニズム・デザイン運動と、21世紀初頭にクローズアップされつつあるサステナブルデザイン運動には、いくつか重要な共通点がある。最大の共通点は、どちらもテクノロジーの進展をバックアップにして成立している点である。ただしモダニズム・デザイン運動を支えたテクノロジーは、自動車を代表とするハードなテクノロジーだったのに対し、サステナブルデザインを支えているのは、コンピュータを代表とするソフトなテクノロジーである。しかし両者は対立していない。むしろ後者のテクノロジーは前者のそれの進化した形態である。一方、両者には決定的な相違点がある。それは時間あるい

は歴史に対する考え方である。モダニズム・デザイン運動は19世紀までの歴史を否定し乗り越えようとした。したがってモダニズムの建築には基本的に時間の概念がない。それは完成したときが最高の状態である。これに対し、サステナブルデザインは時間を取り入れ、歴史と対話しようとする。それは時間とともに変化する表現をめざしている。テクノロジーは未来に向かい、歴史は過去に向かう。モダニズムのテクノロジーは時間を排除したが、サステナブルデザインはテクノロジーと時間の統合をめざしている[2]。

テクノロジーと「時間」の統合というのは、建築と人間が「変化」するものであるという考えに基づいている。建築ができることによって環境が変わり、それにより人間が変わる。人間が変わることによって、建築も変わる。都市・建築と人間がICT技術を介して相互に作用し合いながら変化していくというモデルがスマートシティであり、それはサステナブルデザインの延長線上にあるのである。

2　なぜコンピュテーションか

コンピュテーションがスマートシティとサステナブル建築をつなぐものであるとして、コンピュテーションが可能にすることは本質的に何なのかを、改めて整理しようと思う。結論から先に述べると、コンピュテーションが可能にすることとして、①複雑な問題を「可視化」し共有することで、民主的な「合意形成」を行えるようにする、②設計に必要な情報や解析方法、解決方法を「オープンソース」とすることで、複数の人間による情報の共有と協働を可能にする、③さらには、人間の「労働を軽減」する、という大きく三つがあげられると考えている。また、問題が複雑化、高度化し、さらには長期的な予測が求められるとき、「人間の直感はアルゴリズムに劣る」という事実もコンピュテーションが必要な理由の一つである。

(1) 地球の有限性の可視化／『成長の限界』（1972年）

発表から早くも40年以上が経過した、ローマクラブによる『成長の限界』（1972年）[3]は、地球が無限であることを前提としたような経済と人口の成長を続けていく限り、（人口と資本の）成長は遅くとも2100年までに停止するだろうことを、システム・ダイナミクス理論に基づくコンピュータ・シミュレーションにより示した。ここから学ぶべきことは、大きく三つあると考える。

一つ目は、この地球の有限性が「可視化」されたことによって、世界中の人々が問題を共有し、行動を起こすことにつながったことである。1988年には気候変動に関する政府間パネル（IPCC）が発足し、1992年に気候変動に関する国際連合枠組条約が採択され、各国の環境政策に大きな影響を与えるようになった。それはもちろん建築にも影響を与え、エコテックからサステナブルデザイン運動の勃興、そして現在のスマートシティにつながった。

二つ目は、「現実の世界」をモデル化するに際し、人口、資本、食糧、天然資源、汚染という五つの基本的な要素がそれぞれフィードバック・ループで結ばれているといった「比較的シンプルなアルゴリズム」が採用されているという点である。本当の世界は比べものにならないくらい複雑であるが、モデル設計で目指すのは、ある具体的な目的に役に立つモデルをつくることであって、世界のコピーをつくることではない。このシンプルなモデルであっても、各人が現実の世界と呼ばれるものに対する客観的な証拠と主観的な経験からつくり出された自分なりのメンタルモデルで世界の未来を予測するものより、包括的で明晰なものなのである。つまり、長期的な予測に関しては、人間の直感はシンプルなアルゴリズムに劣るということであるが、これはあとで紹介するカーネマンの分析

に続く。

　三つ目は、このシミュレーションのアルゴリズムや条件がすべて公開されていることである。この「オープンソース化」によって、誰でもシナリオすべてを再現し、比較し、解釈を評価することができる。ローマクラブだけでなく、他の人たちが各方面を深く掘り下げることを可能にした。また、20年後には『限界を超えて』、その10年後には『人類の選択』として、最新のデータをもとにしたシミュレーション結果を発表している。ICTの発展により、エネルギー使用に関するビッグデータが手に入るようになった今、さらなる検証が可能になっているのである。

⑵コンテクストの可視化による合意形成／アレグザンダー『The Use of Diagrams in Highway Route Location』（1962年）

　後のソフトウェア開発に多大な影響を与え、今日ではWikipediaとして広く利用されているWikiの原型にもなった「パターン・ランゲージ」というアイデアの提唱者であるクリストファー・アレグザンダーは、1962年に、都市設計における高速道路の経路を決定するための新しい方法論を提案した。建設費用から地域の発展性や環境破壊のリスクまで、経路の決定に影響を与える26の要因を抽出し、それぞれの要因に関する評価を予定地の地図の上に濃淡（良い＝濃い灰色、悪い＝薄い灰色）でプロットし、それらを重ね合わせることで浮かび上がってくる黒い帯は、さまざまな条件をクリアした最適な経路のパターンだと考えた（図1）。この事例ではコンピュータは使われていないが、コンピュータグラフィックスによるシミュレーションの性格を備えているものであるといえる。ここから学ぶべきことは、大きく二つあると考える。

　一つ目は、アレグザンダーはこの事例で、デザインの自動生成を行おうとしているのではなく、あくまで計画敷地の「コンテクストの可視化」を行っているということである。この2年

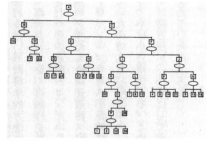
①位置設定のデザイン・プロブレムの構造化

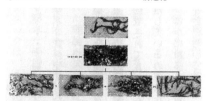
②複数の要件の重合せ

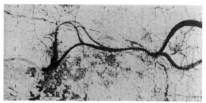
③重合せの結果浮かび上がった黒い帯が、高速道路に最もふさわしい位置を示す。

図1 C. アレグザンダー他「高速道路におけるグラフィック・テクニックに関するスタディ」（1962年）[4]

後に発表された『形の合成に関するノート』（1964年）[5]で、アレグザンダーは次のように述べている。

　どのデザインの問題も、求められている形と、その形の全体との脈絡、すなわちコンテクストという2つの存在を適合（fit）させようとする努力で始まるという考え方にもとづいている。（中略）コンテクストとは、この世界の形に対して要求を提示する部分である。この世界で形に対する要求となるものはすべてコンテクストである。適合性とは、形とコンテクストとが相互に受け入れ合う関係のことである[5]。

　アレグザンダーは、コンテクストの可視化を徹底的に行うことによって、デザインのための何らかの型（pattern）を見つけようとしていたのである。

　二つ目は、これにより「民主的な合意形成」

によるデザインプロセスを実現しようとしている点である。道路等の交通インフラは公共投資によってつくられるが、非効率で無駄な道路がつくられることも多く、財政を圧迫することになる。そこで計画案に対して、予算を確保するためには財務当局を説得する論拠が求められるようになった。アメリカでは1950年代に、この論拠、つまり合意形成のために、交通シミュレーション手法が求められ発展していったという歴史もある。そして現代、日本の思想家・哲学者である東浩紀は著書『一般意思2.0』[6]の中で、このアレグザンダーの手法を現在のICT、ビッグデータを用いてさらに発展させる興味深い提案をしている。

> アレグザンダーが抽出した26の要因には、利用者の「欲望」や「行動の履歴」はまだ含まれていなかった。(中略)わたしたちはいまや、たえず自分の消費行動や位置情報をネットにばらまきながら生活する、そんな総記録社会に生き始めている。(中略)半世紀前のアレグザンダーが想像もできなかったような精度で情報を収集し、「利用者の欲望地図」を描くことができるはずである。もしもそのような地図ができれば、それはまさに「27枚目」の地図として重ねられることになるだろう。そして、だれもそこに道路を通すことを望んでいない、必要としていないことが映像としてだれの目にも明らかになれば、地元の土木業者や政治家がいくら画策しても、そこに高速道路を通すことはきわめて難しくなるにちがいない。当事者の専横は、非当事者の欲望によっておのずと限界づけられるのだ[6]。

交通シミュレーションにおいて、空間的にミクロで短期的な変化の予測を行うために、個人の交通行動を確率的な考え方で分析する、いわゆる非集計行動モデルが開発され、1980年代以降に実行されてきた。スマートホン等のGPS機能によって行動履歴のビッグデータが利用可能となった現在、すでに解析手法は変わりつつあるが、東が提案するのは、個人の「行動履歴」だけではなく、個人の「欲望」をもコンテクストとして利用しようというものであり、実現すれば、コンピュテーションを用いた究極の民主的な合意形成プロセスと呼べるものになるだろう。

(3) 人間の直感はアルゴリズムに劣る／カーネマン『ファスト&スロー』(2011年)

心理学者にしてノーベル経済学賞を受賞したダニエル・カーネマンは『ファスト&スロー』(2011年)[7]で、人間の意思決定を、直感的で感情的な「速い(ファストな)思考(システム-1)」と意識的で論理的な「遅い(スローな)思考(システム-2)」といった二つのシステムで説明するアプローチを紹介した上で、直感的なシステム-1の影響力はより強く、このシステム-1はバイアスの影響を強く受けることから、人間が統計的に考えることが極めて難しいことを示していく。第21章「直感 対 アルゴリズム」では、専門家の判断が統計より劣りうることを示す。

> ポール・ミールは(中略)20種類の調査結果に基づいて、訓練を積んだ専門家の主観的な印象に基づく臨床的予測と、ルールに基づく数項目の評価・数値化による統計的予測とを比較し、どちらがすぐれているか分析している。その一つは、専門のカウンセラーが新入生と面談したうえで、1年次終了時の成績を予測するというものだ。カウンセラーは一人一人と45分間も面談し、その上に高校時代の成績、いくつかの適正テストの結果、4ページにわたる自己申告書もチェックする。これに対して、統計的アルゴリズムに使用するのは、高校時代の成績と適正テスト1種類の結果だけである。にもかかわらず、カウンセラー14名のうち11名の予測は、統計的アルゴリズムを

下回った[7]。

　なぜ専門家が単純なアルゴリズムに負かされてしまうのだろうか。カーネマンは、専門家の判断が劣る理由を次のように分析する。

　　複雑な情報をとりまとめて判断しようとすると、人間は救いようもなく一貫性を欠く。実際、同じ情報を2度評価すると、違う判断を下すことが頻繁に起こる。(中略) このように広い範囲で一貫性の欠如が見受けられるのは、システム-1が周囲の状況に非常に影響されやすいためだと考えられる。プライミング効果の研究から、私たちは無意識のうちに周囲の状況から刺激を受け、それによって思考や行動が規定されることがわかっている。暑い日にふと冷風が吹き込んで気持ちよくなるだけで、あなたはそのとき評価していたものに対して好意的になり、楽観的になる。(中略) 一方、数式はそんなことに影響されない。同じインプットに対しては常に同じ計算結果を出す。(中略) 以上の研究から、驚くべき結論が導かれる。すなわち、予測精度を最大限に高めるには、最終決定を計算式にまかせるほうがよい、ということだ[7]。

　訓練された経験豊富な消防士が火事の現場で、ある異変にシステム-1で直感的に気づき、瞬時の判断でその場から移動した直後に床が崩れ落ち難を逃れた、といった類の話はよく聞くし、実際に訓練された専門家の直感はよく当たると言われている。しかし、それは短期的な予測での話であり、こと長期的な予測となるとそうはいかなくなるということである。都市計画家や建築家は一種の専門家であり、各個人の経験と知識から、直感を働かせながら、論理的思考との間を行き来することで設計を進めてきた。しかし、サステナブルデザインという、時間軸を持ち、長期的な予測が求められる場合、さらにはスマートシティといった動的な総体としてのネットワークのデザインが求められるようになった現在、生身の人間の経験と知識だけで対応することはまず不可能であり、「コンピュテーション」が不可欠なのである。

(4)機械との競争（Race Against the Machine）／映画『トランセンデンス』（2014年）

　ジョニー・デップ主演のSFサスペンス映画『トランセンデンス』[8]が2014年に日本で公開された。天才人工知能科学者の脳の複製がスーパーコンピュータにインストールされ、ネットワークを通じて情報を吸収して進化し、ほんの数カ月で全世界を支配できるような力を持った存在となってしまう。ナノマシンによる生体改造でつくり上げる軍隊、アルゴリズムによる株式操作でもって稼ぐ無尽蔵な資金、メガソーラーによって賄われる完全に自律したエネルギー源の確保。その脅威に気づいた一部の人間たちはこのシステムを破壊すべく行動し、最終的にはシステム破壊に成功する。というストーリーに一見すると思えるが、私の設計事務所のパートナーである佐藤桂火による、ブログでの映画製作者の真意に関する分析が的確だったのでここで紹介したい。

　　ただ、最後のシーンを注意深く見ると、製作者の意図は違うところにあるように読める。最後の瞬間、科学者の脳（のインストールされたシステム）は、ただ天才というだけでまったくの「いい人」、つまり汚染水の浄化技術によって飲める水を増やし水不足問題を解決し、破壊された森林をナノマシンで回復して生態系を復活させ、地球環境と人間のより良い共存を実現することだけを（彼の妻の願い通りに）叶えようとしていただけだった。つまり人間性と科学技術は彼の存在によって、より良いレベルで共存できる未来が可能だったのだ。ところがこれを脅威としてしかとらえなかった人間側は、最終的にこのシステムの破壊に成功するが、そのために世界中にばら撒かれ

たウイルスファイルによって全世界でインターネットが使えなくなってしまい、人類文明は後退した。人間の科学技術への恐怖心が、結局のところ人類の生活そのもののレベルを下げてしまったのだ。一見、人間性が科学技術に対して勝利を収めるというストーリー展開は、大衆映画としての性質上必要だったのかもしれない。しかし、製作者は人間性と科学技術が共存できる未来というのを実は信じていて、そういう主張を、映画として成功を収めることを犠牲にしないような、ささやかだけど確かに表現できるレベルで、この映画に込めていたのではないか[9]。

私は、ここまでの文章で明らかなように、「人間性と科学技術は共存しうる」と信じているのであるが、一方で、テクノロジーに対する恐怖心、拒否反応というものを持っている人もいる。福島第一原発事故以降、その傾向は助長されたようにも思う。テクノロジーに対する価値観の違いは、サステナブルデザインの二つの潮流にも表れている。ここで再び難波和彦の分析を引用する。

> サステナブルデザインには、二つの大きな潮流がある。エコテックとバウビオロギーである。両者の違いは、テクノロジーのとらえ方に由来する。そもそもサステナブルデザインが注目されるようになったのは、テクノロジーが地球環境を左右するほど強大になったからである。テクノロジーとデザインをどのように結びつけるかは、サステナブルデザインにとって最大の課題だといってよい。まず、エコテックは、地球環境を脅かしているのは強大化したテクノロジーだが、それを解決するのもやはりテクノロジー以外にないと考える。サステナブルデザインを実現するには、これまでのテクノロジーをさらに進化させ繊細化した、先進的なテクノロジーが不可欠だと考えるわけである。一方、バウビオロギーは、テクノロジーの進展自体に問いを投げかける。これまでのようなテクノロジーの急速な進歩を緩やかにし、可能ならば過去のテクノロジーへ回帰することが必要だと考える。（中略）近代的なテクノロジーを廃棄して、プレモダンな社会に回帰することは不可能である。都市の建築をすべて木材でつくることは不可能だし、インテリアをすべて工業材料でつくることも無意味だろう。重要なのは両者の考え方を統合すること、すなわち金属やガラスによって自然エネルギーを取り入れた建築を考案することであり、自然材料を工業技術によって高性能化することである[10]。

サステナブルデザインにおけるバウビオロギーvsエコテックの構図は、『トランセンデンス』における人間性vs科学技術の対立構図に対応しているといえるだろう。現在、2020年の省エネ法の義務化に向けて、「伝統木造論争」なるものが勃発している。省エネ法を義務化されては伝統木造建築をつくることができなくなると考える人たちが省エネ法義務化に反対しているのであるが、この対立構図とも共通性があるといえる。また、私はこれまで環境・テクノロジーをテーマに、世代の近い若い建築家たちと勉強会を開催し議論する中で、若い人たちでさえ、ICT技術に対する抵抗感、拒否感を持っている人が少なからずいることを知った。しかし、難波が言うように、この二つの方向性を対立するものとしてとらえるのではなく、「統合する」ことが重要なのである。現在では、木や土や石といった自然素材の性能や、空間の快適性の効果といったものも定量的に評価できるようになりつつあるのである。

機械との競争（Race Against the Machine）というテーマは、これまで多くの映画で扱われてきたものである。テクノ・ジャーナリズムWIREDは、『トランセンデンス』の公開記念

で、『2045年問題　コンピュータが人類を超える日』の著者でもある宇宙物理学者・松田卓也博士にインタビューを行っている。松田博士は、コンピュータや人工知能の発展によって人間の仕事が奪われるようになることについて、次のように話している。

> 歴史的に見れば、労働力の大変化は過去2回ありました。一つは蒸気機関の発明による産業革命。次に、1980年代のロボット化。工場労働がオートメーション化されました。そして今起きようとしているのは、頭脳労働の人工知能化です。それによって生産性は圧倒的に上がるはずです。コンピュータ化、人工知能化が、唯一現在のパラダイムをひっくり返す方法だと思います。（中略）最も影響を受けるのはオフィスワーカーですね。工場労働者はすでにロボットに置き換えられてきました。現在多数を占めるオフィスワーカーのほとんどが、これから不要になる。残るのは「トップとボトム」の仕事だけになります。（中略）いまWatson（IBMが開発した質問応答システム）が取り組んでいるのが、医療です。医師がiPadを通じてWatsonに相談すると、この病気である確率は何パーセント、こういう検査をしろとアドバイスしてくれる。当面、医師は必要でしょうが、彼らとWatsonが組んで医療を行うようになるでしょうね。（中略）以前、新聞記者に「あなたの仕事もそろそろ終わりですよ」と言ったことがあります。たとえば、野球ニュースを書くロボットはすでにあります。メジャーの試合は人間が書くが、マイナーの試合は人間だとペイしないので、ロボットが書く。マイナーの試合でも地域の人とか一定の需要はあるわけです。あるアンケートでは、人間が書いた記事とロボットが書いた記事で、読者の評価はほぼ互角でした。ロボットの記事はやや退屈ではあるけど、どちらを信用するかといえばロボットの記事のほうらしい。正確度が高いですからね。また、「ワーストセラー」という考え方があります。ベストセラーは、たとえば、1本の小説を書いて10万部売れるものです。人間の作家はそれを目指します。人工知能なら、10万本の小説を書かせればいい。それが1部ずつ売れれば10万部になる[11]。

コンピュータや人工知能の発達により、人間による「労働」の多くが不要になるというのは、都市・建築設計においても同様であろう。『トランセンデンス』の中で、砂漠のど真ん中にスーパーコンピュータのための施設が建設される。ここではもちろん「建築家」という存在は登場しないが、科学者の妻が図面を持って地元の施工者に発注するシーンがあった。詳細な説明はなかったが、おそらくインターネット上で機密情報にまで入り込み、施設に関する情報を集め、それらを適切に組み合わせることによって図面を作成したのであろう。「図面」は、建築設計者や施工者にとって商売道具であり、クライアントにとってはプライバシーやセキュリティの問題もあるので、ごく限られた件数の図面がメディアを通して公開されているだけというのが現状ではある。また、その建物がユーザーにどう使用され、どのようなパフォーマンスを発揮しているかを確認した事例もごくわずかであり、それらが公開されている事例となれば、数はさらに少なくなる。しかし、すでにBIM（Building Information Model）とシミュレーションソフトウェアは近年大きな進化を遂げつつある。もし、BIMによる設計図面データとセンサーによる竣工後の建物のパフォーマンスデータが常に公開され蓄積されるようになれば、『トランセンデンス』のような設計の自動生成は可能になるだろう。性能や価格に関する透明性も上がり、シミュレーションソフトウェアへの精度改善フィードバックも可能になり、さらにはスマートシティが掲げるユーザーへの運用改善フィードバックも可能になる。というの

図2 GPLの家（設計：中川純、2009年）

は簡単であるが、設計者と施工者が自分たちにとって商売道具である情報を公開することに断固として反対するであろうことは、火を見るよりも明らかではある。しかし個人事務所でありながら、そのような活動をしている建築家の友人がいる。中川純は2009年に「GPL（General Public License）の家」（図2）を設計した。設計内容とそれによる性能シミュレーション、さらにはセンサーによる実際のパフォーマンスを、施主の了承のもと、公開している[12]。さらには、各材料の原価がどれだけかかっているかという費用構造、見積り情報まで公開してしまっている。その背景には、住宅産業の価格の不透明性をグラスボックス化しよう、設計を公開することによる産業自体の底上げをしようという意思があるという。最近では、環境政策の一環で、情報を公開することを条件とした補助金制度等も出てきている。本当のサステナビリティの実現には、産業構造の変革が必要になるのである。

(5) 「個人の手に道具を！」／カリフォルニアにおけるヒッピームーブメントとコンピュテーション

それにしても、『トランセンデンス』の舞台として、カリフォルニアのバークレーが選ばれていたのは秀逸だったと思う。2012年、私はUCバークレーの客員研究員としてバークレーで生活をしていたのであるが、豊かな自然と気候そのものを身体で楽しみながらも、コンピュータテクノロジーの進歩が、その豊かな自然とライフスタイルを守ることにつながると心から信じている人に多く出会った。それは、現代のIT企業のトップランナーであるグーグル、アップル、フェイスブック等がみな、このアメリカ西海岸から出てきていることにも象徴されている。

スティーブ・ジョブズが引用した「Stay Hungry, Stay Foolish」というフレーズで知られる『ホール・アース・カタログ』は理系ハードコア・ヒッピーである、スチュワート・ブランドによって1968年に創刊された。（中略）機械文明を否定せず、むしろ道具やテクノロジーの進歩によって地球環境は良くなるはずだと信じているのだ。雑誌のキャッチコピーである「個人の手に道具を！」もその一環で、『ホール・アース』に「パーソナルなコンピュータ機器」のレビューが初めて登場したのは、なんと1974年秋号という早さだ。（中略）『ホール・アース』がインターネットの始まりの一つとも言えるネットワーク通信『WELL（The Whole Earth 'Lectronic Link）』を立ち上げたのは、1984～85年。（中略）一方で1990年代に入ってからは、ブランドをはじめとするスタッフたちは、"世界最強のテクノ・ジャーナリズム"『WIRED』の創刊と編集にかかわるようになる[13]。

このような背景のもと、アメリカ西海岸において、建築設計に関するコンピューテーショナルなツールも発展していった。カリフォルニアのロサンゼルスに本拠地を構えるフランク・O・ゲーリーの建築作品における複雑な形態が実現されてきた背景には、モデリングと構造解析を行う航空力学、機械設計ソフト「CATIA」の建築への適用があり、この技術をビジネス化するゲーリー・テクノロジー社が設立されたのは、すでに皆がよく知るところだろう。また、サステナブルデザインにおいて不可欠なものになりつつある環境シミュレーション技術に関しても、アメリカ西海岸において独自の発展を遂げ

ていった。

　バークレーは、UCバークレーとローレンス・バークレー国立研究所（以下、LBNL）が位置し、建築における省エネルギーや快適性向上の実現のための具体的な方策とそのシミュレーション手法に関する研究が、世界で最も進んでいる場所の一つである。LBNLはこれまで環境解析のためのソフトウェアをいくつも生み出してきた。近年の代表的なものとしては、光環境シミュレーションのソフトウェア「Radiance」がある。エネルギーモデリングのソフトウェア「Energy Plus」の開発にもLBNLは大きく貢献した。どちらもオープンソースとして無償公開されているのであるが、これらのソフトウェアを駆使した環境建築デザインの実践を行い、フィードバックによってソフトウェアをも進化させ、時に自らも解析プログラムを開発する、ユニークな建築事務所がアラメダにある。その名前は、LOISOS＋UBBELOHDE[*1]（以下、L＋U）。L＋Uが提供するサービスは、①建築デザイン、②昼光利用・照明計画・シェードデザイン、③省エネルギー計画・再生可能エネルギー提案、④ハイスペック・ファサードデザイン、⑤サステナビリティコンサルティング・LEED認定の主に五つである。提供サービスの一つ目に建築デザインを掲げていることからもわかるように、L＋Uは環境コンサルタントであると同時に建築家である。

　実際の建築設計には、敷地条件、施主要望、予算等のさまざまな条件があり、環境条件だけで建築を設計することは不可能である。また、建築のアイデアが生まれていくプロセスは決して線形なものではない。そのような建築設計の反復的なプロセスの中で、実現したい空間・環境を目指して最先端の解析技術を駆使し、反復的に解析とオルタナティブな提案を行っていくという、デザインとエンジニアリングの両方のアプローチの統合を試みている点が、L＋Uの特徴である。

　私は、L＋Uの事務所で彼らの解析・フィードバック手法を学びながら、実際の設計プロジェクトを進めた。そこで気づいたことは、ソフトウェアを用いた環境解析は、必ずしも数値目標を達成するためだけのものではないということである。光・風・熱・エネルギーといった環境事象を、ソフトウェア等を用いてビジュアライズし、設計にフィードバックする感覚は、設計者がスケッチや模型やCGをつくり、案の現状を把握し、次のスタディへフィードバックするのと非常に近いと感じた。

　L＋Uのプロジェクトに、かつての太陽望遠鏡を、太陽光を地下階まで届ける導光システムにコンバートした研究所がある（図3）。本来存在しえない場所に太陽の光が存在するという現象を、ソフトウェアを用いた高度な解析・設計を通して実現していた。当初は地震力や風圧に耐えるための構造を設計するために考案された計算法やソフトウェアが、新しい構造空間をつくるのに活かされたように、このような新しい環境空間を実現するために、環境解析のためのソフトウェアが用いられていくだろう。

(6) パラダイムシフト／カリフォルニアにおける『デカップリング制度』

　しかし、このL＋Uのようなビジネスモデルが成立する背景には、カリフォルニアの環境政策をはじめとする社会システムがあることを忘れてはならない。1990年代に国際政治の議題の中心となった地球温暖化対策に対して、ヨーロッパ諸国は積極的な姿勢をとった一方で、アメリカ・ブッシュ政権は2001年に京都議定書から離脱した。グローバリゼーションと市場原理主義は冷戦終結以降さらなる勢いで進行し、2008年のリーマン・ショックまで衰えることなく続き、アメリカにおける環境政策を後退させた。しかし一方で州は、気候変動に対して連邦政府よりも積極的に行動を起こしており、すべての州は、2006年までに気候変動に対応する措置を講じてきた。その中でリーダーシップを取ってきたのがカリフォルニア州である。アメリカ合

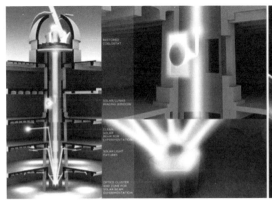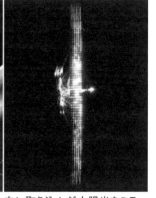

図3　L+Uが設計した太陽望遠鏡をコンバージョンした導光システム（左）／シャフト内に取り込んだ太陽光をミラーで室内に取り込む（中）／一部では、光ファイバーによって照明装置としても利用（右）[14]

衆国の1人当たり電力消費量は1973年から1.5倍に増加したのに対して、カリフォルニア州ではほぼ変化がないという事実が、カリフォルニア州の特異性をよく表している（図4）。

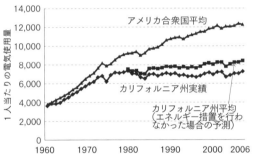

図4　アメリカ合衆国とカリフォルニア州の1人当たり電気使用量[15]

アメリカでは、発電・送配電・小売りの分離、送電網へのアクセスの自由化などが進んでおり、州によっては小売りの自由化も進んでいる。カリフォルニア州では、電力小売り業者に対する再生可能エネルギー比率の増加の基準の設定、義務化も進められており、固定価格買取り制度も導入された。太陽光発電設備、風力発電や燃料電池など他の分散型発電に対する奨励金、グリーン・ビルディング等を推進するさまざまな省エネルギー・プログラムも存在する。注目すべきは、これらのプログラムをリードして進めているのが電力会社である点である。その背景の一つに、カリフォルニア州公益事業委員会（CPUC）主導によって進められ、1982年

から導入された、（全米初の）電力会社の売上げと利益を分離する「デカップリング制度」がある。あらかじめベースとなる電気料金と料金収入見込みを定めておき、実際の料金収入が想定を下回った場合には電気料金を上げ、減少分を補填し、逆に実際の料金収入が想定を上回った場合には電気料金を下げ、増加分を需要家に還元するというものである。これにより、電力会社は電力をより多く販売しても利益増加にはつながらなくなり、利益増加のために発電コストを削減しようとするインセンティブが働くようになっている。発電コストを削減する手段としては、①需要を抑えること、②需要側で発電すること、③電力負荷を平準化することの主に三つがある。需要を抑えるために、建築設計者に省エネルギー性の高い建物を設計してもらうことも重要と考え、設計者を対象とした教育プログラムや、設計支援ツールの開発や機器等の貸出し等も電力会社が積極的に行っている[*2]。

カリフォルニア州は、従来大気規制について国内で最も厳しい規制を敷いており、2005年には、温室効果ガスを2020年までに1990年の排出値まで減少させ、2050年までにさらに80%削減するという州法を用意した。2008年にはカリフォルニア州長期エネルギー戦略計画という長期計画が採択され、2020年に新規住宅のゼロ・エネルギー化、2030年に新規商業建築のゼロ・エネルギー化を義務づけることが明記され

た[*3]。また、カリフォルニア州の建築基準である「TITLE 24」[16)]では、建物と設備に関する省エネルギー性が義務化されている。アメリカのグリーン・ビルディング認証システムである「LEED」[17)]も、インセンティブの一つとなっている。LEEDは1998年に、米国グリーンビルディング協会（USGBC）というNPO団体によって開発されたもので、単純な加算システムでわかりやすいものであり、現在では、企業のCSR（社会的責任：Corporate Social Responsibility）の裏づけなどマーケティングにも幅広く用いられており、実質的なグローバルスタンダードになりつつある。連邦政府や教育機関等といった用途や地域によってはLEED取得が義務づけられることもあれば、税制優遇されるケースもある。以上のように、カリフォルニアは強制的な制度を推進しており、現在、ボランタリーな制度も徐々に義務的なものに移行させようとしているのである。L+Uのようなビジネスモデルが成立する背景には、カリフォルニアの環境政策があるのである。つまり、コンピューテーションが都市・建築に十分に活かされるようになるには、社会システムのパラダイムシフトが求められるということである。

3 では、建築に何が可能か

スマートシティはサステナブル建築の延長線上にあり、これらをつなぐものはコンピューテーションである。コンピューテーションは、問題の可視化によって、判断または他者との合意形成を可能にし、オープンソース化によって他者との協働を可能にし、最終的には人間の労働を軽減することにもつながる。そのようなコンピューテーションが実際に効果を発揮するようになるためには、社会システムの変革が求められることを述べた。

さて、改めて、スマートシティ時代に建築に何が可能かを考えてみたい。

先に紹介したL+Uによる、コンピュータ・シミュレーションを用いたエビデンス・ベースド・デザイン（EBD）は、世界的に見てもトップクラスのものであるが、L+Uは決して大きな組織設計事務所ではない（現在は12名の小さな組織である）。それを可能にしているのは、オープンソースのソフトウェアであり、カリフォルニアの環境政策である。現時点では、日本における環境政策は遅れをとっているが、ソフトウェアは無償で公開されているので、つまり、日本においてもすべての人たちに可能性が開かれているのである。しかし、この手法は、スマートシティ時代の新しい建築像の提案というよりも、あくまで「高度な」サステナブル建築デザイン手法であろう。しかし、その新しい建築像も、このコンピュータ・シミュレーションによる設計手法の延長線上にあると考える。

(1) 内部→外部、単体→総体（都市）

かつてシミュレーションの主な対象は、建築単体における省エネルギー、快適性であり、外皮性能や設備機器性能が内部空間の環境に与える影響の検証であったが、太陽熱や風、自然光等の自然エネルギー利用の検証に発展していった。また、最近では外部の環境を取り込むという考え方の延長で、ヒートアイランド現象やビル風といった、建築が置かれる都市空間である外部環境にまで解析範囲は広がってきている。さらには、単体のネットワークとしての総体での効果予測にまで展開されつつある。

つまり、建築の内部空間の省エネルギー性、快適性のみならず、都市空間である外部空間をも対象とし、単体ではなくネットワークとしての総体を対象としたコンピュータ・シミュレーションを行いながら設計を進めるということが、スマートシティ時代には求められると考えるのである。

いつの時代も技術の制限があるため、その時点で定量化できることが価値のすべてではないのは言うまでもない。たとえば、都市におけるヒートアイランド現象は、その時点で定量評価しやすかった建物単体における省エネルギーに

のみ注力してきた結果ともいえるだろう。しかし現在では、そのようなヒートアイランド現象をも定量化できるようになってきたのである。人によって計画される都市・建築には、その時代の技術と価値観が反映される。同様に、どのような環境情報の定量化が行われるようになっていったかをたどることは、都市・建築へのまなざしの変遷をたどることになるのである。

そのような考えのもと、本章の次節から、①熱、②気流、③光、④ヒートアイランド、⑤交通、⑥都市全体のエネルギーの六つの観点からシミュレーション技術の系譜をたどり、それらが可能にしてきた環境技術や事例を解説する。

(2) 人間行動（ヒューマン・ビヘイビア）

外部への視点、総体への視点に加えて、もう一つスマートシティ時代の都市・建築に求められることは、「人間行動（ヒューマン・ビヘイビア）」に働きかけ、行動変容を促すことである。先に紹介した『成長の限界』ですでに指摘されているように、地球が無限であることを前提としたような成長を続けていく限り、成長は遅くとも2100年に停止せざるをえない。サステナブルデザインが持続可能にしようとするのは「地球環境」であり、私たちの「現時点のライフスタイル」ではない。先に、スマートメーターによって収集したエネルギー消費量に関するビッグデータを用いるHER（Home Energy Report）を紹介した。HERは、ユーザーが他者と比較してどれくらいのエネルギーを消費しており、どのような行動をすれば（窓を開ける、空調設定温度を調整する、照明をこまめに消す等）省エネルギーになるかを、メールやダッシュボードを介してユーザーに伝えるシステムであり、それによりユーザーの行動変容を促すことを意図している。これらは「画像」や「テキスト」によって伝えるものであるが、「都市・建築空間そのもの」のほうが、より強く人間の行動に働きかける力を持つはずである。そのような考えのもと、スマートシティ時代の新しい建築像として次のようなものを提案したい。

(3) 行動と気候を介在して、人間と建築が変化していく建築
— Democratic / Climatic Architecture —

本当のサステナビリティの実現には、コミュニティとエネルギーの持続が必要であり、それには現在のライフスタイルの変化が求められる。そこでは、人間は変化するものであり、建築も変化するものであるという考えが鍵になる。建築は、物理的にも大なり小なり「動く」ものであり、建築を取り巻くエネルギーは「流れ」を持つものである。そのような建築の「変化」は人間に気づきを与え、ライフスタイルを変化させ、それが再び建築を変化させる、といったフィードバックループを生み出す契起になりうる。そのような、行動と気候を介在させて、人間と建築が変化していく建築をDemocratic / Climatic Architectureと呼ぶことにした。

エネルギーも空間も有限であり、究極的にはいかにそれらをシェアするかが問題なのである。近代都市は、固定化された人間に対して一定の環境をつくり出してきたが、人間も建築も変化するものと考えたとき、つくられるべき環境は変わりうる。空間すべてを一定の環境にするのではなく、人間が自ら快適な環境を探して動けば、ムラのある環境も許容できるようになる。建築を不変・不動なものにしようとするのではなく、人間が自ら簡単に付けたり剥がしたり動かしたりすることを可能にすれば、結果として空間やモノを永く使い続けることができるようになる。

この時、経年変化する「弱い部材」——木やれんがといった人の手でも加工（切る・削る）できる自然素材から、照明や空調といった環境をコントロールする設備機械（取り替える）、そして設備や可動部位を制御するコンピュータプログラム（書き換える）まで——が見直されることになるだろう。そして、空間とエネルギーをシェアするために、「弱い部材」を用いた建

築の変更に人間が介在することは、コミュニティをつなぎ止め、エネルギーをセーブすることにもつながるのである。

(4)ケース・スタディ
01：ソニーシティ大崎（2011年）[*4]

近年、都心ではヒートアイランド現象が深刻な問題となっている。世界の平均気温はここ100年で0.7℃上昇している。地球温暖化が主な原因と考えられているが、東京の年平均気温は3.0℃上昇している。他の中小規模の都市の平均上昇気温1℃に比べて大きいが、この温度差はヒートアイランド現象によって生まれている。このヒートアイランド現象が起因となり、熱中症による搬送者数は激増している。また、地表面の高温化により都市の狭い地域に集中して熱が発生することで急激な上昇気流が起こり、短い時間に局所的に強い雨が降るゲリラ豪雨が引き起こされている。これらの現象は、堤防の設置や河川の暗渠化、アスファルト舗装や下水インフラの設置等により都市から水を隠蔽・排除していったことで、都市の水循環が阻害されてきたことに起因する。降雨の地面への浸透量の減少、土中保水力の低下、それに伴う蒸発・蒸散量の低下は、太陽熱を気化潜熱により処理することができず地表面温度を上昇させることとなった。また、アスファルトやコンクリートによる光反射率の低下、熱吸収率の増加、そして、都市活動による人工排熱の増加がそれをさらに加速した。

緑地を設けることは、ヒートアイランド現象に対する有効な改善策の一つである。樹木がつくり出す影や、蒸散による冷却効果は、夏季の都市の熱環境を快適なものにする。また、「打ち水」は植物を介さずに水を気化させることによって冷却効果を得る、日本の伝統的な手法である。従来建築計画において用いられてきた「水盤」等の手法も、この打ち水効果が期待できるものである。近年では、水を露出させることなく、表面を湿らせることで気化させる手法として「保水性素材」が注目されるようになり、舗装材等に多く用いられるようにもなっている。

「ソニーシティ大崎」（図5）は、バイオスキンという、すだれ状につながれた高保水性陶器管の内部に水を通すことで、建物の外壁面における気化冷却を可能にした外装を纏う超高層建築である。

図5 ソニーシティ大崎（2011年）

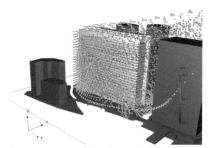

図6 ソニーシティ大崎周辺空気温度のシミュレーション

これは、水を飛散させることなく建物外皮表面を湿らせることを可能にした技術であり、これまで地盤面、屋根面において用いられてきた保水性素材の立体的な展開、つまり都市全体への展開を可能にしたものである。

バイオスキンは気化冷却効果によって表面温度を低く保つことで空調負荷を低減すると同時

に、ヒートアイランド抑制にも寄与する外装システムである。土でつくられた多孔質な陶器製の管がすだれ状につながれ、内部を水が流れる。水は陶器に浸透し、保持され、表面から蒸発する。その際の気化熱により表面温度は低下し、周辺空気は冷やされる。管内に流す水は雨水を利用し、必要に応じて上水を補給する。屋根で集められた雨水は一度地下の貯留槽に蓄えられ、晴天時になると太陽光パネルで発電された電力によってポンプアップされる。降った雨を利用しその敷地内で蒸発させることは、下水インフラへの負荷を低減し、都市における水循環の正常化、ゲリラ豪雨の緩和にも寄与する。また、水は管内を通るため水が飛散する心配はない。壁面緑化のように土の飛散、植物の枯れの心配もない。管の表面は酸化チタン光触媒によりコーティングされているため、汚れにくくメンテナンス頻度も低い。また、これらの陶器はテンション構造によってミニマムな材料で支持されており、すだれのような表情となっている。液体の水は見えないが、涼やかな視覚的イメージを持ち、管内を流れる水の音が聞こえ聴覚的な涼感をも得ることができる。そのため、気化冷却効果以上の効果が期待できる。

　ヒートアイランド現象の抑制はこれらの要素技術だけでは達成することができない。ソニーシティ大崎では、卓越風向に対して見付け面積が小さくなる建物形状とし、冷熱源である東京湾から谷地形に沿って内陸部へ流れてくる風を遮らない向きに建物を配置することで、吹いてきた風をバイオスキンと建物周囲に設けた緑地によってさらに冷やして後配敷地へ受け渡している。ヒートアイランド現象の抑制には、このような建物の形状と配置等による建築全体での計画が求められる。

　ヒートアイランド現象は建築が都市に与える熱の悪影響の一つであるが、風や光という観点でも、建築は外部環境に悪影響を与えうる。建築が建てば、日射が当たらない場所ができるし、建物周辺の風環境を変化させる。また、建物の表面に反射率の高いものを使用すれば、反射光害も引き起こす。ソニーシティ大崎は、西日が当たるコアの外装において、ガラスをスリット状に分散して配置し、パネル面の塗装には光を拡散させる粒子の粗い塗料を使用することで、西側に建つ住宅やホテルに対する反射光害を抑える工夫をしている。また、超高層ビルが建つとビル風が問題になるが、バイオスキンが設置されているバルコニーや、西側のデコボコした平面形状のコアは、ビル風の抑制にも寄与する。

　本計画では、以上のような、都市と建築の環境的な関係性に関して、コンピュータ・シミュレーションを用いて検証を繰り返しながら設計が進められた（図6）。内部だけでなく外部も、単体だけではなく総体としての検討が、スマートシティとサステナブル建築には求められるのである。

02：東京郊外都市再考・エネルギーの森、熱のみち、歩くまち（2012年）[*5]

　東京大都市圏の郊外の20年後に対するまちづくり提案である。東京は人口減少、少子高齢化に加え、エネルギー自立率が低いという問題を抱えている。一方で、郊外の隅々まで張り巡らされている鉄道網・インフラ網は、東京が誇ることのできる貴重な資産である。提案敷地は、鉄道網が延びた先にある足立区竹ノ塚である。他の郊外と同様、スプロール化が進行しており、車なしでの生活は難しい場所である。

　そこで大きく四つの提案をする。一つ目は、スプロール化対策・車依存度低減のため、駅からの徒歩圏内に居住地を縮小したコンパクトなまちとし、徒歩圏外を森にする。二つ目は、徒歩圏外の森においては搬送ロスが小さい太陽光発電システムによって電力をつくり、徒歩圏内のまちにおいては、搬送ロスは大きいが効率の高い太陽熱利用システムによって熱をつくる。三つ目は、エネルギーを生み出す場として道の上を利用するというものである。3.11以前、東

京の電力の約4分の1は、福島県と新潟県の原子力発電所から届けられていた。実際に電力が使われる場所と発電される場所が離れているため、東京の私たちは、そのようなエネルギーインフラに支えられていることをほとんど意識することなく生活してきた。電気は空気のように当たり前に届くもので、それがどのようにして生まれ、どのように運ばれてくるかを知らなくても、不自由するわけではなかった。環境問題が声高に叫ばれていながらも、根本的にライフスタイルを見直すことをしてこなかった要因の一つは、そのようなエネルギーインフラのあり方にもあると考える。メガソーラーというものも、まちと関係のない場所に巨大なボリュームとして存在するならば、自然エネルギーであっても、両者の関係性は大きく変わらないのかもしれない。自然エネルギー装置と人の生活の新しい自然な関係性を追求したいと考えた。四つ目は、道でつくられる熱を建物内部だけでなく外部にも利用し、快適な外部空間をつくることで、積極的に外に出て、歩きたくなるまちにする。雲間からのぞく日差しを浴びる喜びを享受する感覚を、曇った日や、夜にでも享受できるようにするためのアイデアである（図7）。

以上のようなまちを実現するため、具体的には六つの提案をする。一つ目は、公開熱地／冷地。駅前ビルの公開空地を快適な温熱環境とし、「熱宿り」できる都市空間をつくる提案である。二つ目は、ユースホスピス。少子高齢化社会においては、高齢者福祉施設は明確なビルディングタイプを持たぬまま、まち全体に何らかのかたちでばらまかれ、まち全体が高齢者施設のように機能することが望ましい。そこで、高齢者の在宅ケアに従事する若者が安く滞在できる施設を提案する。三つ目は、熱の道。徒歩3分でたどり着ける、まちで一番暖かい、または涼しい外部空間である。太陽熱や雨水の気化冷却によりコントロールされた快適な外部空間は、人がまちへ出て歩くことを促す。四つ目は、カーシェアパーク。車依存度が低くなるこ

図7 エネルギーの森、熱のみち、歩くまち（2012年）

とを想定。ここには蓄電池も設置され、電気自動車とセットで、地域への蓄電インフラとしても機能する。五つ目は、統廃合された既存学校施設を利用した、地域住民のための学校温泉。六つ目は、エネルギーの森。道の上でまちを支えるエネルギーをつくる広大な森である。

以上の六つの提案に共通した考えは、今ある建物や設備は、自然エネルギーの観点で見直すと新しい価値を持つものに変換されうるということ。また、これからは、自然エネルギー設備がコミュニティの中心を下支えするような存在になっていくということである。

足立区の道路率は17%であるが、圏外の森エリアの道すべてにエネルギーの森システムを設けることで、まちの住宅用途の電力消費量の約100%を発電することが可能である。つくられた電気は、既存電力網によってまちへ送電され、カーシェアパークや駅前ビルにおいて蓄電・交直変換され、各住戸やオフィスへ配電される。熱のみちでは、アーケードの屋根で集められた太陽熱が地面の下に設けられた砕石と水

で充填された蓄熱槽に蓄えられ、隣接する建物の給湯と暖房の熱源として利用される。また、カスケード利用として、余った熱をアーケードの半屋外空間を暖めるのに利用する。つくられた熱は、周辺住戸、学校温泉等に配られる。竹ノ塚の夜間人口は約100％なので、昼間に集めた熱を夜間に有効利用することが十分可能である。

交通政策と土地利用計画の統合性を持ち合わせぬ開発規制により、郊外のスプロール化は進行した。今回のまちづくりは土地利用計画の見直しから始まる。まず、駅に近いエリアほど高い容積率を設定する。次に、移転・建替えを行う。その際、既存の空家や空地をまずは積極的に利用していく。次に、エネルギーの森、熱のみちといった環境基盤整備を行う（図8、9）。道の上であるため、移転・建替えのフェーズが完了するのを待たずに進めることができる。最後に、カーシェアパークやユースホスピスといったコミュニティ施設の整備を行っていく。

主体も肝要である。行政のみが主導して進めるのではなく、住民が、たとえばNPOという形で、積極的にかかわって進めていくことが望ましい。以上のように、ライフスタイルそのものを見直し、さらにはエネルギーシステムを住民たち自身が共有管理していくことで、エネルギーと人の生活の新しい関係性を構築していくことがスマートシティには求められるだろう。

03：Democratic Climatic Roof System（2013年）

「ソニーシティ大崎」では、建築が都市に与える環境的影響を考えることで、単体から総体へ働きかける可能性を示した。「エネルギーの森、熱のみち、歩くまち」では、都市の交通政策・土地利用計画からライフスタイルまでを見直すことで、都市環境と人間行動を変えていく可能性を示した。次に紹介する事例は、人間行動の変容を促す建築的工夫を追求したものである。

先に提示したDemocratic / Climatic Architectureのコンセプトの実現のため、現段階で建築にまずできることは、外部環境をできるだけ取り込む「ど・パッシブ」だと考えている。ICT技術を使わずとも、24時間365日勝手に「変化」してくれる自然の光・熱・風を適切にうまく取り入れれば、人間はその自然の変化に気づき、行動が変わるだろう。その次の段階として、ICT技術を使ってセンシング・通知・制御を行い、人間がその「変化」を使いこなせるようにサポートしていくことが考えられる。

その考えに基づき、ミャンマーのヤンゴン空港ターミナルのための屋根システムを提案した。ヤンゴンの気候を丁寧に読み解き、環境解析技術を用いて、熱帯でありながらも涼しい自然光のあふれる大空間とした。常に変化する自然をそのまま受け入れる「ど・パッシブ」な環境の中で、自然の崇高さに改めて気づく。快適性を受動的に享受するのではなく、主体的に環境の中に快適性を見出していき、自ら望ましい環境をつくっていく。空間・環境にはそのような人間のライフスタイルを変化させる力があると考えた。

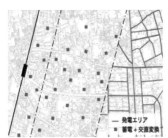

図8 エネルギーの森／電力ネットワーク

図9 熱のみち／熱ネットワーク

このヤンゴン空港計画案で考案した自然光利用屋根システムを可動とし、屋根下空間の気温をセンシングし、高温であるほど閉じ、低温であるほど開くように動き、人の手の動作によっても可動とするプログラムをインストールする計画にデベロップさせた（図10）[*6]。大屋根の下に自然と生まれる温度ムラは屋根の開閉に反映され、光環境と屋根形状の違いによって、人はそこにある熱環境のムラに気づき、自ら快適そうな場所を探して動き、自ら好きな環境にカスタマイズする（図11）。屋根材は地元の木でつくり、ヒンジと1軸モーターによるシンプルな機構とした。

図 12 a seed hair salon（2013年）

図 10 Yangon School Project（2013年）

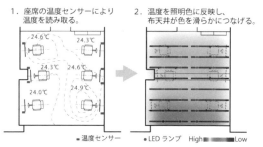

図 13 温度センサーによる照明色コントロールシステム

図 11 Yangon School Project 輝度と照度のシミュレーション

重力によってできる自然な布のたわみは、美しい髪の流れを想起させるものとなった（図12）。布は約50％の透過率を持っており、天井内部で照明からの光を拡散させ、まるで雲のように光をまんべんなく空間にいきわたらせることができる天井となった。これにより、屋外に近い条件で髪の色や髪型を確認することができる。

半透明の布で覆った天井の照明システムとして、空間の温度をセンシングし、照明の色温度または色相を高温であるほど赤く、低温であるほど青く、リアルタイムで変化させ、ユーザー自らも変化させることが可能なプログラムをインストールした（図13）。その時の温度が天井の布の色に反映され、人は空間の温度ムラに気づき、寒がりの人は暖かいところを、暑がりの人は涼しいところを選択して座る。スタッフは時々刻々と変化する温熱環境を空間で把握し、窓を開けたり、カーテンを閉めたり、空調運転を変更する。

04: Democratic Climatic Lighting System[*7]

東京・荻窪にヘアサロンを設計した。既存スペースは、街に面する間口の高さは2.2mと低いが、中に入ると天井高さが3.2mに広がる特徴的な空間だった。そこで、低い間口頂部から高い内部天井頂部までをつなぐように、白く半透明な軽い布で天井を覆うことで、奥に行くほど天井が高くなるダイナミックな空間を実現した。

(5) 変化すべきは「ライフスタイル」

　スマートシティ時代の建築を考えるとき、最も肝要なことは、私たちのライフスタイルをどのように変えていくかということだろう。そのためには、今そこにある環境に意識的にならなければならないし、単体の建築も都市という総体との関係性の中で、さらには地球環境との関係性の中に存在していることに意識的にならなければならない。外部環境に対して「ど・パッシブ」になることで、自然の崇高さに気づくだろう。しかし同時に、パッシブになるためには、その建築が置かれる都市環境が変わっていかなければならないことに気づくだろう。そのためには私たち人間のライフスタイルの「変化」が求められる。「ど・パッシブ」と「ICT技術」を用いて建築を「変化」するものとし、人間に気づきを与え、ライフスタイルを変化する。さらに、その「変化」に人間が介在することが、コミュニティをつなぎ止め、エネルギーをセーブすることにもつながる。そのような、行動と気候を介在して人間と建築が変化していく建築 — Democratic / Climatic Architecture — が、これからの建築の一つの道筋になりうるのではないかと考えている。

＊1　LOISOS+UBBELOHDEは、ジョージ・ロィススとスーザン・ウベローデが共同主宰する建築事務所。スーザン・ウベローデはUCバークレー建築学科教授で、デザイン系と環境系の両方の教員を務める。

＊2　エネルギー供給会社が行う建築家を対象とした教育プログラムの事例として、PG&E Zero Net Energy (ZNE) Pilot Programがある。
URL=http://www.pge.com/mybusiness/energysavingsrebates/rebatesincentives/znepilotprogram/

＊3　この流れを受けた動きとしてARCHITECTURE 2030がある。
URL= http://architecture2030.org/

＊4　ソニーシティ大崎（現・NBF大崎ビル）、設計＝山梨知彦＋羽鳥達也＋石原嘉人＋川島範久／日建設計

＊5　エネルギーの森、熱のみち、歩くまち、設計＝川島範久＋海法圭

＊6　Yangon School Project、設計＝川島範久＋丸山亮介

＊7　a seed hair salon、設計＝川島範久＋丸山亮介

〈参考文献〉

1) スマートシティプロジェクト、URL=http://www.smartcity-planning.co.jp/

2) 『技術と歴史の統合：時間のテクノロジーをめざして』サステイナブル・デザインの諸相：9、難波和彦、日刊建設通信新聞 2005年7月7日号

3) 『成長の限界―ローマクラブ「人類の危機」レポート』ドネラ・H.メドウズ著、ダイヤモンド社、1972年

4) 『建築の解体』磯崎新著、鹿島出版会、1997年

5) 『形の合成に関するノート』クリストファー・アレグザンダー著、SD選書、鹿島出版会、1964年

6) 『一般意思2.0―ルソー、フロイト、グーグル』東浩紀著、講談社、2011年

7) 『ファスト&スロー（上）あなたの意思はどのように決まるか?』ダニエル・カーネマン著、ハヤカワ・ノンフィクション文庫、早川書房

8) 映画『トランセンデンス』監督＝ウォーリー・フィスター　URL=http://transcendence.jp/

9) 佐藤桂火ブログ　URL=http://ksaa.jp/top/?p=688

10) 『エコテックとバウビオロギー：テクノロジーと自然の統合』サステイナブル・デザインの諸相：5、難波和彦、日刊建設通信新聞 2005年4月21日号

11) WIRED、『トランセンデンス』の公開記念、「宇宙物理学者・松田卓也博士にインタビュー」
URL=http://wired.jp/special/transcendence/

12) レビ設計室HP　URL=http://njun.jp/

13) 「日本のビジネスマンのためのカッコイイ「ヒッピー入門」」鈴木あかね、日経ビジネスON LINE
URL=http://business.nikkeibp.co.jp/article/interview/20120307/229571/

14) URL= http://www.coolshadow.com/

15) 'A Graph is Worth a Thousand Gigawatt-Hours: How California Came to Lead the United States in Energy Efficiency', in *Innovations: Technology, Governance, Globalization*、H. Rosenfeld and Deborah Poskanzer、MIT Press、2009年
URL= https://sites.google.com/a/lbl.gov/cool-white-planet/

16) TITLE 24、URL= http://www.energy.ca.gov/title24/

17) LEED、URL= http://new.usgbc.org/leed

4-2-1
熱環境解析

首都大学東京教授　**永田 明寛**

1　熱負荷シミュレーションの変遷

　熱負荷、すなわち、どの程度冷房や暖房をすればよいかを、建物の性能、使われ方、気象条件等から推計するのが熱負荷計算である。冷房負荷、暖房負荷の最大値を求める最大熱負荷計算は設備機器の容量算定にかかわるため特に重要であるが、省エネルギーの観点からは、年間にわたって冷暖房負荷がどの程度生じるかを求める期間熱負荷計算も重要である。設計においては、第一に熱負荷（energy need）をいかに小さくするか、第二にこの熱負荷を処理するために機器のエネルギー使用（energy use）の少ないシステムをいかに構成するかが課題となる。これまで、第一の課題は主に外壁や窓などの外皮性能に関連するため建築設計で、第二の課題は空調設備設計で扱われてきたが、近年は両者にまたがるような空調システムも増えてきており、統合して扱われるようになってきている。

　国産初の本格的熱負荷シミュレーションソフトウェア「HASP/ACLD」は1971年にリリースされ、併せて、毎時の外気温・湿度や日射量を1年間分収めた標準気象データ（平均年）が整備された。HASPはその後、最大熱負荷計算に特化したMICRO-PEAK、昼光利用との連動を強化したHASP/L、1985年に空調システムとの連成を図ったHASP/ACLD/ACSSをはじめ多くの派生ソフトウェアを生んでいる。当初は大型計算機使用が前提となっており、テキストベースで入力が煩雑であったことからその利用は限定的であったが、パーソナルコンピュータの急激な普及を背景に、GUI（グラフィカル・ユーザ・インタフェース）を備え入力機能を強化したBECS/STL/SERが、省エネ法の計算に対応したソフトウェアとしてリリースされている。現在、官民をあげた開発が継続しているBEST programでは、空調に限らず建物全体のエネルギーシミュレーションが対象となっているが、空調部分では制御系との連成や作用温度、PMV（代表的な温冷感指標：気温、放射、湿度、気流、代謝量、着衣量から人の平均温冷感申告を予測するもので、国際規格ISO 7730になっている）による温熱環境評価が可能となっている（BEST専門版）。エアフローウィンドウやダブルスキンのように性能がダイナミックに変化する外皮に対しても、その対応レベルはさまざまであるが、最近の熱負荷シミュレーションでは計算することができる。

　一方、近年TRNSYS、ESP-r、EnergyPlusといった海外ソフトウェアを国内向けにローカライズするベンダーが次々と現れ、利用者が増えてきている。特にEnergyPlusはWindows、MacおよびLinuxのクロスプラットフォームで動作するOpenStudioで、Add-OnによりCADソフトウェアSketchUpとの連携が図られている他、SDK（ソフトウェア開発キット）が公開されていることもあり、サードパーティ製の統合環境開発も盛んである。たとえば、DesignBuilderではCFD（計算流体力学）なども可能で、マルチフィジックス対応となっている。

　ところで、熱負荷シミュレーションを精度良く行うためには、計算アルゴリズムを精緻化するだけでは不十分で、境界条件となる気象データや内部発熱量の把握が重要である。気象データに関しては、拡張AMeDAS気象データが全国840地点で整備され、空間解像度を増してきており、1分気象データなど時間解像度を増す取組みもある。最大熱負荷計算では、これまで気象データの統計・確率性状が考慮されるだけであったが、これからは内部発熱量の統計・確率性状も考慮していく必要がある。OA機器の消費電力は、人員密度にほぼ連動する。照明消

費電力（発熱量）も、タスクアンビエント照明・人感センサー制御の普及で人員密度の影響を受ける時代になってきており、結局、ヒューマン・ビヘイビアの把握が重要なのである。また、デマンドレスポンスなどエネルギーインフラからの制約が新たな境界条件としてあがってきている。空調はデマンドレスポンスの対象になりやすく、BCP（事業継続計画）対応にも関連し、空調停止時の熱環境を想定しリスク評価することも求められつつある。

熱負荷シミュレーションの変遷を駆け足で紹介してきたが（図1）、計算技術そのものとしては、最初期からそれほど大きな変化はない。その後の開発は主に利用者が使いやすい環境、すなわちGUI入力やCAD連携、マルチフィジックス対応や統合環境構築に向けられている。gbXML（建物エネルギー関連のデータ形式）などの標準化の動きもあり、BIM（Building Information Modeling）の進展とともに、今後、実際の設計現場での利用が本格化していくことは確実である。動的熱負荷計算の骨格が固まってから半世紀近く経過したが、やっと、本来のシミュレーションのあり方に近づいてきたのが現在の状況といえよう。

2 空気温度の制御から熱的快適性の制御へ

従来は、室温が所望の値になるよう制御されることを前提に、熱負荷計算を行ってきた。その際、たとえば事務所ビルにおいては冷房時26℃、暖房時22℃が標準的な値とされていた。しかしながら、省エネルギーのため冷房時28℃、暖房時20℃を標準にという要請が強まり、温熱快適性を確保することが難しい状況にある。人の温冷感は環境側4要素（空気温度、放射温度、湿度、気流）と人体側2要素（代謝量、着衣量）で決まり、同じ温冷感を与えるこれら六つの組合せは無限に存在する。このことに立ち返って、放射冷暖房のように放射温度を制御したり、潜顕分離空調のように、従来成行きであることが多かった冷房時の湿度を制御したり、気流感をあえて与えるような空調方式により熱的快適性を確保しようという動きが加速

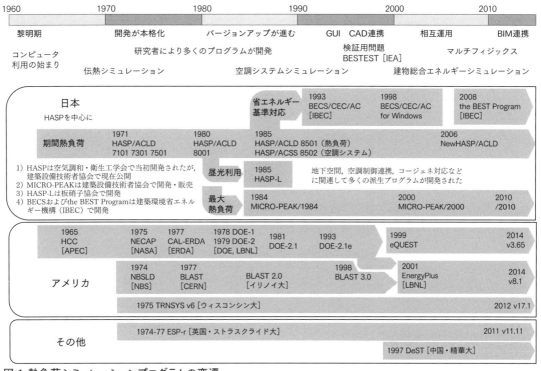

図1 熱負荷シミュレーションプログラムの変遷

している。一方、着衣量の緩和（クールビズ、ウォームビズ）、知的生産性（プロダクティビティ）や健康の観点から、改めて室内環境を見直す動きもある。

ところで、暑くも寒くもない温熱中立の室内環境というのは、温冷感に個人差が存在するため一概に決まらない。特定の温熱環境に対する予想不満足者率PPD（Predicted Percentage of Discomfort）の最小値は、ISO 7730では5％とされている。PPDの最小値を44％とする研究もあるくらいであり、万人が満足する温熱環境は存在しない。これは全般空調の限界といえ、個人の熱的快適性の最適化を図るためには、タスクアンビエントやパーソナル化が必須とされる。冷房時、寒がりの人に合わせて全般空調を緩和し、暑がりの人にはタスクで処理することにより、無駄なエネルギーを削減できる可能性も若干ある。いわば意図的に分布のある不均一な温熱環境を創出するということである。このことは、熱負荷計算自体のあり方にも影響してくる。現時点ではほとんど対応できていないが、ヒューマン・ファクターを考慮した熱負荷計算法の構築は重要な課題といえよう。

3 設計段階でのシミュレーションから運用段階でのシミュレーションへ

これまでは、実際の設計が終わった段階で、確認用、プレゼンテーション用にシミュレーションが行われることが多かった。しかし、CAD連成やBIM化など入力環境が整ってきたことから、複数案のシミュレーション結果をもとに最適案を求めるという本来の使われ方に近づいてきている。この方向にますます進むことは確実であるが、今後は事後評価手法としての役割も重要になってくるだろう。たとえば、あるべき状態を実データでシミュレーションして乖離がないか、設計意図通りの性能が発揮されているかを検討することが、コミッショニング（性能検証）では行われる。また、ピンポイント天気予報を利用した予測制御、人の行動モニタリングなどによる使われ方に応じた空調制御が現実化しつつある。将来的には、運用時に実環境をモニタリングし、バーチャル環境で常時リアルタイムにシミュレーションすることが行われるようになる。この時には、データ・アシミレーション（データ同化）、モデル再構築が新たな課題となってくるだろう。

4 熱環境デザイン

(1) ロンドン市庁舎（図2）

イギリスの建築家ノーマン・フォスター（1935年－）は、香港上海銀行（1985年、香港）、コメルツ銀行（1997年、フランクフルト）、セント・メリー・アクス30番地（2004年、ロンドン）、ザ・インデックス（2011年、ドバイ）を始め先端的な環境技術を取り込んだ建築を多く設計しており、日本でもセンチュリータワー（1991年）を手がけている。世界で最も有名なハイテク建築といえる香港上海銀行では、サンスクープという外壁に設けられた太陽追尾鏡により、アトリウムに昼光導入する機構を採用している。また、コメルツ銀行は、自然採光・自然換気・緑化を実現したエコロジカルな超高層オフィス建築となっている。セント・メリー・アクス30番地では、さらに省エネルギー化を図るとともに、周辺街区への風環境に配慮し、キュウリ状をした先細りの円筒の形状を採用している。ロンドン市庁舎（2002年）はこれらより小規模であるが、建物形状自体を斜めに傾けた大胆な設計を行っている。日射制御がその形状の理由となっており、形状を決定する際には日射受熱量に関してシミュレーションが行われた。

環境技術は構造技術と異なり、建物の外観に影響を与えるものは少ない。多くは目に見えない設備部分で実現され、外に表れるとしてもファサードデザインにとどまるのが通常である。ロンドン市庁舎は形状そのものを日射環境条件により決定した、稀有な建築といえる。

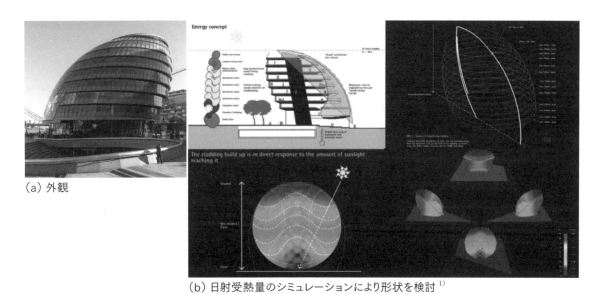

(a) 外観

(b) 日射受熱量のシミュレーションにより形状を検討 [1]

図2 ロンドン市庁舎

(a) 外観

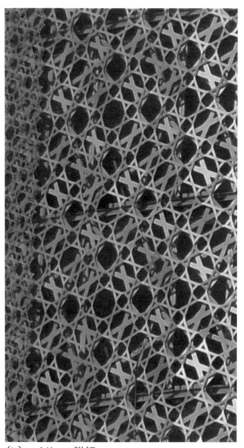

(b) スクリーン詳細

図3 ドーハタワー

(2) ドーハタワー（図3）

　ジャン・ヌーヴェル（1945年－）は、巧みなファサードデザインで有名なフランスの建築家である。ヌーヴェルを一躍有名にしたアラブ世界研究所（1987年、パリ）では、マシュラビーヤと呼ばれるアラブの日除けをイメージし、窓にカメラの絞りに似た機構が取り付けられている。絞りを自動制御により開閉することで採光・日射量を調整する機構だが、いつ頃からかは定かではないが、自動制御は現在稼働していない。数多くの可動部品をメンテナンスし続けるには膨大な費用がかかるためか、放置されたままになっている。ヌーヴェルはドーハタワー（2012年、ドーハ）において、同じマシュラビーヤをモチーフに、今度は外部に固定した、日除けとなるスクリーンで超高層建築全体を覆う設計を行っている。遠くから見た外観はメタリックでのっぺりした印象だが、近寄ると編み上げられたような複雑なテクスチャーを持ち、内部に複雑な影を落とす。スクリーンはステンレス製で数層に重なっており、方位によって粗密を変化させている。ドーハタワーはCTBUH（Council on Tall Buildings and Urban Habitat）から2012年のベスト超高層建築として表彰されている。ちなみに、同じ年に超高層建築革新賞を受賞したアルバハールタワーズ（2012年、アブダビ、設計：Aedas）にも、やはりマシュラビーヤをモチーフにした、折り紙のように開閉する外部スクリーンが設けられている。可動部の耐用年数が気になるところだが、ファサードエンジニアリングを担当したArupは75年相当の耐用年を謳っている。今後を見守りたい。

(3) パールリバータワー（図4）

　世界中で多くの超高層建築を手掛けている設計事務所SOM（Skidmore, Owings & Merrill）は、パールリバータワー（2011年、広州）において、71階310mの建物に3m×4mの風穴を四つあける設計を行った。風穴にはウィンドタービン発電機がそれぞれ設置され、ファサードは

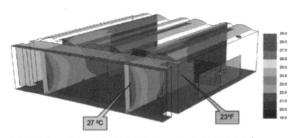

（b）ダブルスキン・床吹出し換気・天井放射冷房[2)]

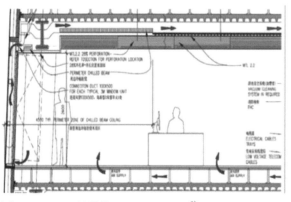

（a）外観　　　　　　　　　（c）ペリメータの熱環境シミュレーション[2)]
図4　パールリバータワー

ウィンドキャッチャーとしての機能も持つ。緩やかに湾曲したファサード形状は、気流のシミュレーションや風洞実験による検討をもとに決定されている。ファサードはダブルスキンカーテンウォールで遮熱性能の高い構成となっており、自動制御ブラインドを内蔵している他、南面にはBIPV（建物一体型太陽電池）も設けられている。さらにダブルスキンの排熱を回収し、除湿に利用することも行っている。空調システムは床吹出し換気と天井放射冷房の併用となっているが、天井放射パネルはこの建物のために新たに開発されたものである。他にも種々の技術を採用することで、標準建物に対して年間のエネルギー使用量を58%削減することができている。

(4)緑の魔法学校（図5）

台湾の台南に「緑の魔法学校（Magic School of Green Technology、2011年）」という一風変わった建物がある。この建物は台湾で最初のZEBを謳った超省エネビルで、台湾のEEWH（日本のCASBEEに相当する）ダイアモンド級、米国LEEDプラチナ級の認証を受けている。設計した台湾国立成功大学の林憲徳教授は、東京大学の松尾陽教授（熱負荷シミュレーションや建築の省エネルギー分野において指導的役割を果たしたが2012年に急逝）のもとで博士号を取得した後に帰国し、台湾の省エネルギー施策を牽引してきた建築環境工学の研究者である。この建物は1,000ドル/m^2という低コストで建てられており、派手な技術は用いられていない。庇、自然採光、自然換気、シーリングフ

(a) 外観

(b) 屋上の野生ガーデンから通風塔（左）とソーラーパネル（右）を見る

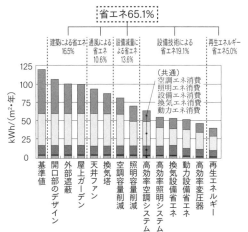

(c) エネルギーシミュレーション（eQUEST）による省エネ効率検討[3]

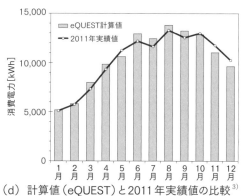

(d) 計算値（eQUEST）と2011年実績値の比較[3]

図5 緑の魔法学校

ァン、高効率機器などのオーソドックスな技術を、事前の綿密なシミュレーションによる検討に基づいて組み合わせ、消費電力43kWh/（m^2・年）と、台湾の同規模建築と比べ65%の省エネを達成している。図5（c）に示すようにeQUEST（米国DOE-2ベースのエネルギーシミュレーションプログラム）を用いて検討を行っており、実績値との比較でもほぼ想定通り運用されていることがわかる（図5（d））。エネルギー消費分はキャンパス内の植林によるカーボンオフセットにより相殺され、エミッションZEBを達成している。

〈参考文献〉
1) http://www.fosterandpartnres.com/projects/city-hall/
2) "Towards Zero Energy: A Case Study of the Pearl River Tower, Guangzhou, Cina" Frechette, Roger and Gilchrist, Russel、CTBUH 8 th World Congress、Dubai、2008年3月3－5日
3) 『緑の魔法学校　台湾はじめてのZEB建設の物語』林憲徳著、建築設備技術者協会、2013年

4-2-2
気流解析・換気回路網計算

東京大学教授　**大岡 龍三**

1　CFDの発展

　気流解析について論じる前に、CFD（Computational Fluid Dynamics：計算流体力学）の発展に触れる必要がある。流体力学は古典物理学に属し、その理論的基礎となるナビエ・ストークス方程式は19世紀に完成している。これは流体の運動方程式を表しており、われわれが生活環境の中で体験する多くの流体は、気流を含め、この方程式に従うことになる。したがってこの方程式を解くことができれば、多くの流体現象を解析することが可能となる。しかしながらナビエ・ストークス方程式は強い非線形性を有するため、特殊な事例を除き解析学的な理論解は存在しない。そのため基礎方程式を有しながら、それを十分に活用できない時代が長らく続いた。しかし1960年代からの急激なコンピュータの発達は、この方程式を数値的に解くことを可能とした。これがCFDの始まりである。これにより流体解析が機械、土木、建築、気象などさまざまな理工学分野で発展することになった。

2　乱流モデルの種類

　流体現象を特徴づける空間スケールは、大きく二つ存在する。一つは流体が占める空間の幾何学的形状に基づくスケールと、もう一つは流体の粘性に基づく運動エネルギーの散逸が生ずるスケールである。粘性スケールまで忠実に解析することを直接解析（Direct Simulation）というが、これを都市・建築空間で行うことは、コンピュータが発達した現在においても、また将来においても、現実的でないように思われる。そのため各種乱流モデルが必要となる。乱流モデルにはレイノルズ平均に基づくモデルと、サブグリッドスケール平均に基づくモデルが存在する。レイノルズ平均はアンサンブル平均ともいう。試行を何回か繰り返し、その平均を取ることにより乱流成分を分離する。多くの場合、時間平均とほぼ同義に使われることが多い。サブグリッドスケール平均とは、空間をグリッドで分割し、グリッドより小さいスケール（サブグリッドスケール）の中の乱流成分を分離・モデル化する空間平均の一種である。両者のイメージを図1に示す。レイノルズ平均モデルの代表的なものがk-εモデルであり、サブグリッドスケール平均モデルの代表的なものがLarge Eddy Simulationである。一般に前者は取扱いが簡単であり安定的な解が得られやすいが、精度の点でやや劣り、後者は、精度は高い

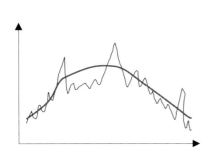

（1）レイノルズ平均

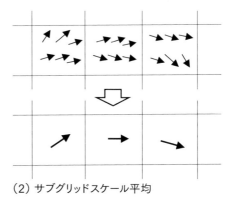

（2）サブグリッドスケール平均

図1　乱流成分の平均操作のイメージ

が、操作にある程度の経験を要し、計算負荷が高いという特徴を持つ。それぞれの用途に応じて使い分けることが必要である。

3 対流・放射との連成計算による室内気流場の解析

室内の温熱空気環境は、気流、気温、放射、湿度の4要素に支配される。また、これらの要素は相互に深く関連し合っている。したがって、室内の気流場を解析するためには他の要素を十分に考慮する必要がある。特に放射による熱の移動プロセスは、対流によるプロセスとまったく異なるため、連成して解く必要がある。放射解析を行うには、壁体など各面要素間の形態係数を求める必要がある。簡単な幾何形状であれば、各面要素間の形態係数は解析的に求めることができるが（図2）、形状が複雑になれば、形態係数を求めるためにモンテカルロ法や離散伝達法など近似解法が用いられる。屋外気流場を解析する際にも同様の手法が用いられる。

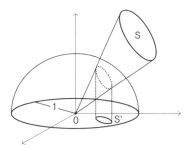

図2 原点Oから見た面Sの形態係数S'

4 CFDを活用した室内気流・屋外気流の事例

CFD技術の飛躍的な発展に支えられ、都市や建築デザインへのCFDの適用事例が増えている。CFDは、建物内外の気流だけでなく、それに運ばれる熱や物質の輸送も予測でき、気温や湿度、汚染物質の濃度分布も解析可能である。従来は建物内部と外部は切り離して解析されるのが通常であったが、近年では建物形状を高解像度で再現し、屋外気流と建物内気流を同時に解析することで、たとえば自然換気の効果を精緻に評価することも可能である（図3）。

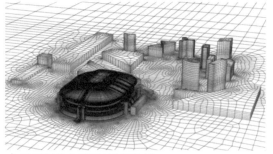

a) 解析対象の外観と計算格子

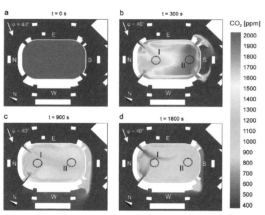

b) 自然通風によるスタジアム内CO_2濃度の減衰

図3 屋外気流と建物内気流の同時解析による実在するスタジアムの自然換気性能評価事例[1]

これにより、建築設計に当たり自然換気のための適切な開口部の位置、大きさなどが決定できる。また、最近では、CFD単体だけでなく建物のエネルギーシミュレーションとの連成による解析の高度化[2]や、建物換気の制御にCFD解析を連携させる試み（図4）も行われている。また対流・放射連成解析により、ヒートアイランド対策が屋外環境にどのような影響を与えるかの効果についても検討が行われている（図5）。

5 BIMと連成したCFD解析

近年、建築業務における企画から基本設計、実施設計、施工管理、維持管理など全般にわたって、BIM（Building Information Modeling）の活用が注目を集めている。BIMとは、建物をコンピュータ上の仮想空間に三次元モデルとしてつくり、それをベースにコストや部材の仕様・物性、管理情報などの属性情報をデジタル化し

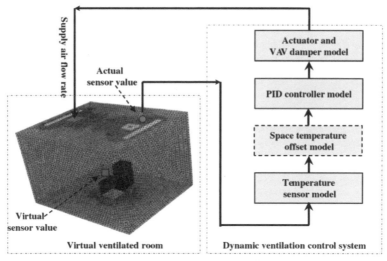

図4 CFD解析を用いた換気制御システムの概念図[3]

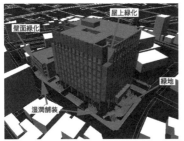
外装材と対策技術の指定

表面温度分布 12:00

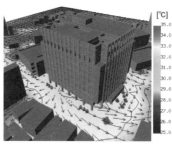
気流・気温分布 12:00

図5 某地方合同庁舎に対して提案した各種ヒートアイランド対策技術の効果確認

て、一つのデータベースに統合して共有・管理する概念である[4]。特に、BIMモデルを用いて、エネルギーシミュレーションや照度、風速などの快適性検討の総合的な環境シミュレーションは、設計段階において大きな役割を果たしている。自然換気の換気ムラを最小化する検討、窓回りの温熱・気流性状の検討などのため、CFD解析はBIM連携の中の重要な一環となっている（図6）。現在、日本空気調和・衛生工学会のBIM・CFDパーツ化小委員会では、実施設計段階におけるCFD解析を実行する際に、通常は個々に入力を必要とする空調機器や複雑な吹出し口・吸込み口境界条件などをBIMから抽出し、「CFDパーツ」として、CFDの解析空間内に直接配置するための仕様策定や普及促進を行っている。

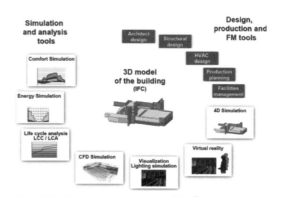

図6 設計プロセスにおけるBIM連携[5]

6 換気回路網による気流解析

もう一方の室内の気流解析手法に、換気回路網がある。換気回路網は、建物や空調システム全体を、部屋やシステムの構成要素を代表する「節点」の集合として扱い、それらの節点を開

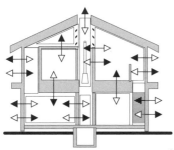

図7 換気回路網モデルのイメージ[6]

図8 Bang & Olufsen Building における自然換気[7]

口や隙間、ダクトなどの換気系統を代表する「枝」により接合することで、各接点間の空気の輸送を解析する手法である。換気回路網モデルのイメージを図7に示す。換気回路網は通常室内を一つの節点として取り扱うため、室内の詳細な気流分布を解くのには適さない。しかしながらCFDに比べて取扱いが容易であり、計算負荷も非常に小さい。実務的には、詳細な気流場の計算は必要とせず、マクロな換気量や熱の移動の年間計算が必要とされることも多いので、そのような場合には非常に有効な解析ツールである。そのためCFDとはその目的に応じて使い分けられる。今後計算機の能力が向上しCFDの計算速度が上がったとしても、年間を通して室内の詳細な気流解析をすることは難しく、換気回路網の役割は継続するものと考えられる。

7 換気回路網計算による換気量・自然換気量解析の事例

換気回路網モデルは、建物の換気設計に最も利用される。自然換気量解析の場合、気流と空間温度は独立でないため、空間温度が浮力駆動力に影響を与えるとともに、換気量は空間温度にも影響を与える。したがって、自然換気解析において、換気回路網と熱回路網やCFD解析を連成して計算することが多い[7][8]。図8に、換気回路網モデルを用いて自然換気を計算した例を示す。外気が下部から流入し、上階から流出する状況が再現されている。

〈参考文献〉

1) "CFD evaluation of natural ventilation of indoor environments by the concentration decay method: CO_2 gas dispersion from a semi-enclosed stadium" T. van Hooff, B. Blocken、Building and Environment、No61、2013年

2) "Performance of coupled building energy and CFD simulations" Z. J. Zhai, Q. Y. Chen、Energy and Buildings, No37、2005年

3) "A CFD-based test method for control of indoor environment and space ventilation" Z. Sun, S. Wang、Building and Environment、No45、2010年

4) 「建築環境CAEツールにおけるBIM連携化とCFDパーツ化に関する研究開発」河野良坪他、『空気調和・衛生工学会論文集』2011年15-21

5) "IFC-based Building Services Product Model Exchange" Granlun O、2002年1月

6) 「熱・換気回路網モデル計算プログラムNETSの検証」奥山博康、『IBPSA-Japan講演論文集』2002年37

7) "Assessment of natural and hybrid ventilation models in whole-building energy simulations" Zhai Z, Johnson M, Krarti M、Energy Build 2011年43、2251-61

8) "Coupled EnergyPlus and computational fluid dynamics simulation for natural ventilation" Zhang R, Lam KP, Yao S, Zhang Y、Build Environ 2013年68、100-13

4-2-3
光環境の計画技術の系譜

東京工業大学准教授　中村　芳樹

　光環境という観点から見れば、電灯照明が利用可能となる以前の、昼光だけを利用した建築こそ究極のサステナブル建築といえるが、昼間だけの利用が前提である建築は現実的ではなく、現代社会では、昼光と電灯光を最適に組み合わせたものこそ、サステナブル建築であるといえよう。しかしながら、これまでは昼光と電灯の設計は別々に行われ、両者の組合せを数量的に検討できる方法が提案されたのは、ごく最近のことである。

　これまでの計画技術の系譜は次のようである。

1　一様天空を仮定した直接昼光率による計画技術

　昼光は直射日光、天空光、地物反射光から構成されるが、その光量は検討地点の緯度、経度、日時、天候、周辺環境などによって変動するため、照度を使って設計することは難しく、照度と全天空照度の比を表す昼光率を用いて設計してきた。また直射日光は不安定な上、しばしば光量が大きすぎるから、その利用を避け、天空光だけを用いて設計を行ってきた。天空光は分布を持つ面光源であるが、そのような光源からの照度を手計算で算出することは難しいため、一様で均一な天空を仮定して直接照度を算出し、それにより直接昼光率を求めて計画する。しかし、このような単純な条件でも手計算は煩雑なため、図1に示すような図表を用いて算出される。また、このように直接昼光率を求めて検討する領域は作業面のみである。

2　天空輝度分布を考慮した直接昼光率による計画技術

　天空を小領域に分割し各小領域の持つ輝度を異なったものとすれば、天空に輝度分布がある場合でも、近似的に直接昼光率を算出することは可能である。CIE（国際照明委員会）は1955年、天空全体が厚い雲に覆われ太陽の位置が不

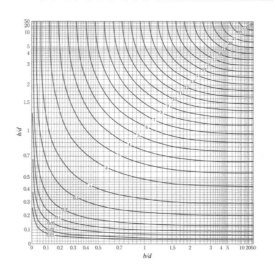

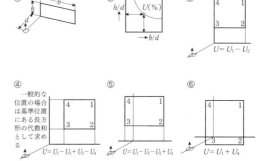

図1　昼光率の計算図表の例 [1]

明な曇天の輝度分布をモデル化し [2]、さらにその後、晴天空、中間天空もモデル化した。これにより、天空輝度分布を考慮して直接昼光率を算出して設計することが可能となった。なおその後、2003年には標準一般天空のモデルが提案されている [3]。

3　相互反射を考慮した昼光率を用いた計画技術

　作業面には、光源からの直接光だけではなく、室内で相互反射した間接光が入射する。しかし、間接光の計算は、極端に単純化した室内でなければ手計算で算出することが難しかった。しかしこの計算が、三次元の照明シミュレーションが利用できるようになったことで可能

となり、このようなソフトを用いて昼光率を算出し、光環境が検討されるようになった（図2）[4]。照明シミュレーション技術は急速に発達し、現在では、光の挙動を波長も考慮して正確にシミュレーションできるソフトも出現し、光ダクトなどの効果も正確に算出できるようになっている。

4 昼光データベースを用いた照度による計画技術

昼光条件は本来、地方によって異なる。ある地域では晴天の確率が高かったり、また別の地域では、冬は曇天ばかりだったりする。しかし多くの研究者が通年にわたって天空データを取得するプログラムに参加し、その結果をまとめたデータベースが利用可能となった[5]。また、AMeDASなど各地方で完備された気象データから天空状態を推定するアルゴリズムが整備されてきて、現在では、それらを使って、特定の地方における標準的な1年間の昼光状態を推定できるようになっている[6]。昼光状態の推定は直射日光についても可能なため、直射日光と天空光の両方を利用した照明設計も可能となった。また昼光率だけではなく、照度値そのものも精度良く推定できるため、照度を用いて設計される電灯照明との組合せも可能となった。

5 空間全体の照度分布・輝度分布を用いた計画技術

昼光を用いる場合は、しばしば、居住者の視野内に窓が見え居住者の順応状態が大きく変化するため、最適設計のためには、居住者の順応状態を推定しなければならない。順応状態は居住者の視野内輝度分布で決まるが、室内のすべての面の照度分布から簡易的に推定できる。室内全体の照度分布が得られれば、空間全体がどの程度明るく見えるかも推定でき、推定された

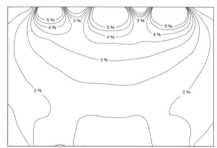

図2　昼光率分布の例

明るさ検討画像

明るさ画像

輝度画像

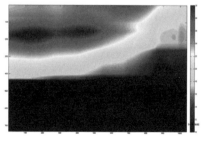

修正グレア画像

図3　輝度シミュレーションと評価画像の例

輝度分布から白黒写真のような画像を作成したり、輝度・色度分布からカラー写真のような画像（リアル・アピアランス画像）[7]を作成（図3）したりして、正しく推定した物理量を用いて空間のアピアランスが設計できるようになった。

6 計画技術が可能にした光環境

(1)ウィーン郵便貯金局

従来、天空を模した光環境を一つの理想系であるとする思想があったが、それを具体的に実現するには、天井の輝度を一定にした光天井をつくり出せばよい。オットー・ワグナーの設計によるウィーン郵便貯金局（1906年）は、天空の光と低く入射する直射日光を取り入れ、天井に取り付けた拡散性の材料によって拡散させ、それを実現している。また、1階の床にはガラスブロックを使用し、地階にも光を導入している。地階の居住者は順応している輝度が低いため、1階を通した光でもかなり明るい印象を持つ。

図4 ウィーン郵便貯金局

(2)キンベル美術館

作業面や床面の照度がいくら高くとも、空間全体から感じる明るさは高くならない。ルイス・カーンの設計によるキンベル美術館（1972年）では、コンクリート打放しのボールト天井の頂点にスリットを開け、そこから導入した昼光をパンチング・パネルで構成された反射板で受け、天井ボールトの輝度を上げることによって空間の明るさをつくり出した。さらにパンチングの穴のサイズを室の用途によって変化させ、用途に応じた床面照度を可能とした。

(3)Resnick Exhibition Pavilion LACMA
ロサンゼルス・カウンティ美術館新館

レンゾ・ピアノは昼光を積極的に利用した設計を行っている。設計プロセスを示す情報が少ないが、三次元の照明シミュレーションをかなり正確に行っていることは推定できる。Resnick Exhibition Pavilion LACMA（2010年）でも、直射日光は意図通りに遮断、あるいは屋外の屋根で拡散されており、その光が鋸状の天窓から有効に入射している。また室内は高反射率の材料で構成され、相互反射をきちんと計算した上で、床面や壁面の昼光率をもとに設計している。光を利用する基本的な考え方はアルヴァ・アアルトなどの過去の作品事例とそれほど変わらないものの、進歩した計画技術を利用しているといえる。

図6 ロサンゼルス・カウンティ美術館新館

(4)東邦大学習志野キャンパス
スポーツアリーナ

この体育館（設計：石本建築事務所、2013年）は、主要な季節のさまざまな天候について、昼光データベースを用いた三次元照明シミュレーションを行い、得られた輝度画像を用いて光環境が設計されている。昼光のみを用いてスポーツに利用可能な光環境を確保することを

図5 キンベル美術館

図7 東邦大学習志野キャンパス
　　スポーツアリーナ

目標に設計されたもので、利用者が高い輝度に順応することを避けるため、外周の窓を極力少なくし、白い壁面に沿って設置された天窓からの光によって壁面輝度を適度に上げ、昼光のみでもとても明るい空間を現出している。さらに、ボールの視認性なども輝度を用いて検討されており、今後の昼光設計の可能性を示している。

〈参考文献〉
1)『建築設計資料集成1　環境』日本建築学会編、丸善、1978年
2) CIE S 003: Spacial distribution of daylight-CIE standard overcast sky and clear sky、1996年
3) ISO 15469/CIE S 011: Spatial distribution of daylight-CIE standard general Sky、2004年
4) radianceなど（http://radsite.lbl.gov/deskrad、2014年11月20日参照）
5)『標準気象データと熱負荷計算プログラム LESCOM』武田他、井上書院、2005年
6)『拡張アメダス気象データ』日本建築学会編、東京書籍、2005年
7)「リアル・アピアランス画像を用いた視環境設計法」中村芳樹『日本建築学会環境系論文集　No.677』2012年7月

4-2-4
ヒートアイランド解析と対策技術

放送大学教授　**梅干野 晃**

1　ヒートアイランド対策技術の評価

　都市のヒートアイランド現象とは、都市の中の気温が郊外と比較して高温になる現象で、等値線を描くと地図の島のようになる。ヒートアイランド現象の解析は、気象学の分野から始まった。今日では、三次元数値流体力学（CFD）シミュレーション技術が進展し、地球シミュレータを用いた大都市のCFD解析も可能になった。[1]

　一方、2003年にヒートアイランド対策大綱が閣議決定され、国および地方自治体の主導のもと、種々のヒートアイランド対策が展開されつつある。これに伴い、これらのヒートアイランド対策の予測・評価方法が求められる。ヒートアイランド対策としては、都市規模のものから個々の建築レベルまでスケール的にも広範にわたるが、ヒートアイランド対策大綱にもあげられている多くの対策技術は、都市のスケールからすれば、線的または点的なものがほとんどといえる。

　ここでは、これらのヒートアイランド対策、具体的には屋上緑化や壁面緑化、そして蒸発冷却舗装等の対策技術を、街や建築に取り込んだときの効果に関する予測・評価手法に着目する。ヒートアイランド現象の形成の主要因となる街の中に排出される顕熱量と、生活空間としての街の熱環境評価指標、平均放射温度（MRT）が求められるシミュレーション手法を紹介する。

2　3D-CAD対応熱環境シミュレーション[2]

　本ツールは、建築分野で注目されているBIM（Building Information Modeling）を環境設計のツールとして実現したものである。

　ヒートアイランド対策を導入した場合の効果を定量化することをはじめとして、環境に配慮した都市・建築設計の支援を目的としており、実際の都市開発プロジェクトの環境予測・評価にも活用できる。

(1) このツールで何がどのように予測・評価できるか

- 街区、敷地レベルのスケールで取り入れられたヒートアイランド対策技術の熱環境改善効果を、3D-CAD上の表面温度分布でチェック
- 街の中での生活空間における熱環境の予測・評価（平均放射温度：Mean Radiant Temp.; MRT）[*1]
- 気流解析との連成により街の中に形成されるクールスポット（気温、湿度、風向・風速、表面温度）の予測、評価
- 対象とした敷地や街区の全表面からの大気への顕熱量（Heat Island Potential：HIP）[*2] の評価

(2) シミュレーションツールの原理、構造

　本ツールは、汎用パソコンと汎用3D-CADソフト上で動作するものである。図1および図2に

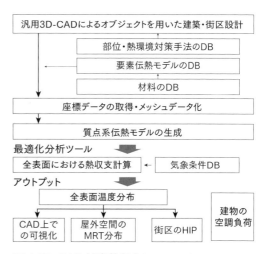

図1　3D-CAD対応熱収支シミュレーションツール

(1) 3D-CADによる入力・モデリング

オブジェクト指向の汎用3D-CAD（Vectorworks）と熱収支シミュレーションを連携させることで、従来の設計作業の延長上で、高度な専門知識を必要とせずに熱環境の予測評価が可能となった。

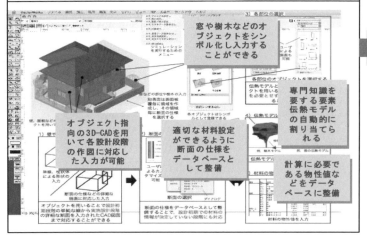

(2) 質点系伝熱モデルの生成

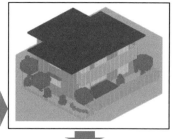

(3) 熱環境シミュレーション

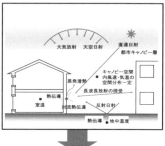

(4) 出力・ビジュアライゼーション

図2 3D-CAD対応熱収支シミュレーションツールの作業手順

本ツールの概要を示す。

① 3D-CADによる入力、モデリング

建築設計者が3D-CAD上で設計した1/100～1/500レベルの図面をもとに、都市・建築熱環境の予測・評価を行う。

② 質点系伝熱モデル生成

材料や熱物性値等のデータベースと連動し、3D-CAD上で作成された街区モデルについて、自動で伝熱計算用の質点化が行われる。

③ 熱環境シミュレーション

熱環境シミュレーション部は、街区内のすべての面の表面温度[*3]を算出する屋外熱環境シミュレータと建物の熱負荷シミュレータを適用し、3D-CADソフトと統合したシステムで構成されている。

④ 出力、ビジュアライゼーション

環境評価結果は、一般には理解が困難な面が多い。街区の表面温度分布の計算結果など[*4]を、3D-CADソフトのビジュアライゼーション機能により可視化表示することで、設計業務に

携わる建築家、コンサルタントのみならず、行政担当者や一般市民にもわかりやすくプレゼンすることが可能。

本ツールにより、目に見えないヒートアイランド現象の抑制効果や屋外生活空間の熱的快適性を、街のあり方とともに議論ができ、科学的視点に立って、ステークホルダー間の合意形成を促進することができる。

3 ヒートアイランド対策デザイン

ヒートアイランド対策としては、都市の緑被率を現状の10％から30％に増やしたときのヒートアイランド抑制効果のようにマクロなスケールから、歩道に並木を植栽し、その下の舗装面を保水性舗装にしたときの生活環境の改善効果や、壁面緑化による建物の冷房負荷低減効果などのようなミクロなスケールまで、多岐にわたる。ここでは後者を対象として、前述したシミュレーションツールを使用した場合の事例を紹介する。

(1) ストリートキャニオンの緑化とその効果

南北に通る幅員20mの幹線道路とその両側に立ち並ぶ商業ビルによって形成された、ストリートキャニオンと呼ばれる東京に実在する街並み（図3：CASE 1）を対象とした。そこにできるだけ大きな樹冠を持つ樹木を植栽したり、屋上緑化を行った場合（CASE 2）、そしてCASE 3は、図4に示すように道路に中央分離帯をつくって樹高15m程度の並木を配し、両側の建物はセットバックさせた。そして建物のベランダや屋上を緑化した場合である。その結果、地面や建築を緑でやさしく包むことができる。

図5は図3の三つのケースのHIPの日変化である。[*2] 日中にHIPは高くなるが、CASE 1でも20℃程度である。これは、午前中は建物で地面の日陰になる部分が多いこと、建物の立面では、午前中に受けた日射熱が蓄熱されているところや、強くはないが日射が当たっている南面を除いては、冷房の影響で窓ガラスや壁面の表面温度が気温相当またはそれ以下であることなどが理由としてあげられる。すなわち、夏の日中では、冷房している高層の建築が密集して立ち並ぶことによって、地面や建築表面から大気への顕熱負荷が極端に増えることはないことを示しているといえよう。CASE 3のように地面や建物を緑で包むことによって、日中のHIPは敷地の全面が芝生の場合に相当するまで抑えられる。

HIPの三つのケースによる差は、正午の7℃に対して、夕方になっても5℃に及んでいる。CASE 1では、日没頃から敷地の全面がアスファルト舗装面よりHIPが高くなり、早朝までその傾向が続く。これが、今日の都市における熱帯夜の発生を助長している大きな要因であろう。日中は芝生相当のHIPであったCASE 3で

図4 建物をセットバックし，地面や建物を緑で包む

現状　　　現状を緑化したもの　建物をセットバックし、
　　　　　　　　　　　　　　　地面や建物を緑で包む
CASE 1　　　CASE 2　　　　CASE 3

図3 ストリートキャニオンの緑化

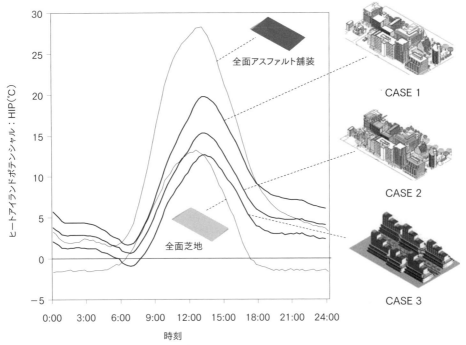

図5 ストリートキャニオンのHIPの日変化

も、夕方のHIPは芝生より5℃も高い。日中の大気への顕熱負荷は緑化によって下げることができても、熱帯夜の発生を抑えることはいかに難しいかを物語っている。

(2)屋上緑化とその効果

RC構造で断熱していない建物の屋上と外断熱を施した屋上、さらに、それぞれに土壌厚20cmの盛土をして芝生を植栽した屋上の四つの場合について、非定常伝熱シミュレーションによって、焼込み低減効果と断熱効果を比較する。

冷房をした場合について、70m²の最上階の部屋の空調負荷を比較したものが図6である。屋上緑化の効果が大きいことは同図から読み取れるが、植栽の効果を議論する場合には、屋根が断熱されているか否かを抜きには語れないことがわかる。すなわち、屋上緑化によって暖房や冷房負荷が減らせるかどうかは一概にはいえず、たとえば、この例のように屋上スラブの断熱材の有無によって大きく異なる。

このように、非定常伝熱のシミュレーションによって、入力する各条件の値が妥当であれば、建築設計の時点で他の設計要素も考慮しながら、焼込み低減効果や断熱効果を検討することが可能である。設定した入力条件の詳細については割愛したが、屋上緑化の仕様以外に図7に示すように、入力のパラメータは多い。

屋上植栽の評価は、図8に示すように、他の環境調整効果のことも含めて総合的になされる

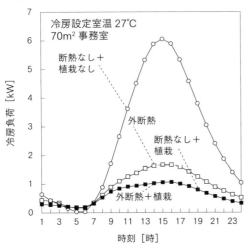

図6 屋上緑化と冷房負荷の関係
（シミュレーション結果による）

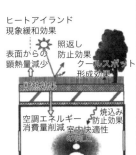

図7 屋根の断熱の有無と屋上植栽の組合せとシミュレーション条件

べきことはいうまでもない。屋上が公的に利用され、その下の部屋では防振や防音が必要であり、かつ、焼込みを抑えて断熱効果を期待したい場合は、躯体に外断熱などをせず、少し厚めの盛土をした屋上植栽の総合的な効果が生かされるといえよう。なお、図8のグレーで強調した項目については、今日、定量的な予測・評価は可能である。

I 室内環境
1) 焼込み防止効果
2) 断熱効果
3) 遮音効果
4) 防振効果

II 屋外環境
1) 照返し防止効果
2) クールスポット形成効果
3) 吸音効果
4) アメニティの向上

III 都市環境
1) ヒートアイランド現象緩和効果
2) 都市型洪水の抑制
3) 過乾燥化の抑制
4) 温暖化ガス（CO_2）吸収効果
5) 都市景観

図8 屋上緑化の環境調整効果

＊1：熱的快適性を示す指標には、放射を考慮していないものもあるが、熱放射は人体の温熱感に大きな影響を及ぼしている。その際用いられる指標の一つが、平均放射温度（MRT）である。たとえば、人体を微小球と仮定し、周囲の全面を微小面に分割して考え、人体に対する各微小面の放射温度（表面温度）をT_{si}とすると、MRTは次式で表せる。

$$\mathrm{MRT}[°\mathrm{C}] = \sqrt[4]{\sum_{i=1}^{N} F_i \cdot T_{si}^4} - 273.2$$

T_{si}：微小面の放射温度 [K]
F_i：微小面の人体（微小球）に対する形態係数
N：微小面の数

＊2：HIPは、開発等の対象となる敷地や街区が周囲に及ぼす環境影響の指標として、ヒートアイランドを起こしうる度合いを評価するために筆者らが提案したものである。建物や地面などすべての表面から発生する顕熱の、敷地または街区の面積に対する割合として定義される。

$$\mathrm{HIP}[°\mathrm{C}] = \frac{\int_{\mathrm{all\ surfaces}} (T_s - T_a) ds}{A}$$

HIP：ヒートアイランドポテンシャル [°C]
T_s：微小面の表面温度 [°C]
T_a：気温 [°C]（キャノピー内の空間分布がないと仮定）
A：敷地または街区の水平面投影面積 [㎡]
d_s：微小面積 [㎡]

＊3：なぜ表面温度なのか
本ツールでは、その土地の気象条件と対象地の3D-CAD（部位の材料情報も含む）を入力し、熱収支シミュレーションを行うことによって、全表面の表面温度の時系列データが得られ、これを3D-CAD上に表示する。
① 太陽放射の熱収支の結果として表面温度が決まる。
② その表面温度の値は、街の空間形態とそこを構成している地面や建築の材料によって決まる。この二つは街や建築の設計・計画そのものである。
③ 表面温度は、そこの気温を形成する主要素である。
④ 表面温度の実態は、赤外線放射カメラで可視化できる。

＊4：街の全表面温度が本ツールによって求められると、生活空間の平均放射温度分布と対象とする敷地や街区のHIPの値を算出することができる。

〈参考文献〉
1) 国土交通省：ヒートアイランドポータル、http://www.mlit.go.jp/sogoseisaku/environment/sosei_environment_mn_000016.html
2) 「3D-CADと屋外熱環境シミュレーションを一体化した環境設計ツール」梅干野晁、淺輪貴史、中大窪千晶、『日本建築学会技術報告集』No.20、2004年12月
3) 『都市・建築の環境とエネルギー　環境負荷の小さい快適な街づくり』梅干野晁著、放送大学教育振興会、2014年

4-2-5
交通解析

横浜国立大学教授　中村 文彦

1 自動車交通量予測の歴史

　自動車交通量の予測の歴史は、決して古くはない。自動車の普及、いわゆるモータリゼーションが進展するにつれ、都市の中での道路の拡幅や、新たな幹線道路あるいは都市高速道路の建設計画が持ち出されるようになる。計画案に対して、予算確保をするためには財務当局を説得する論拠が必要となる。そもそもこの論拠のために、予測手法が発展していった。

　道路に何車線が必要となるかは、その断面を通過する交通量の予測値に基づいた計算で決定される。断面を通過する交通量の予測のためには、単純にその断面の現在交通量を実測するだけでは不十分で、将来のネットワーク上の自動車交通の全体像を把握する必要がある。将来の都市での活動も、道路網が変われば、流れる自動車交通流の中身も変わるからだ。そこで、それぞれの自動車の起点と終点の実態をアンケート調査（OD調査）して、現在の全体像を推計し、将来の前提条件を入力することで将来の全体像を得る、いわゆる交通需要予測モデルが開発されていった（表1）。また、発生集中交通量、分布交通量、配分交通量を段階的に予測する手法（表2：3段階推計法）の開発が進んでいった。これが1950年代のアメリカでの歴史になる。

2 都市圏内流動予測の歴史

　しかしながら、都市では自動車交通とともに鉄道やバスでの移動もあるため、大都市での交通計画においては、自動車交通と公共交通を総合的に扱う需要予測が必要となってきた。そこで、分布交通量から配分交通量を推計する段階の間に、交通手段別分担（modal split）という考え方を挿入して、合計で4段階になる交通需要予測手法が立案された（表3）。公式の都市圏交通計画に取り入れられたのは、1963年のシカゴにおける計画が最初になる。この考え方は4

表1　交通需要予測モデルの考え方

入力条件	将来の人口や土地利用、産業動向
設定条件	将来の道路網や鉄道網等とそれらのサービス内容
出力結果	道路や鉄道の利用量（＝交通需要）や混雑程度
作業手順	1. 現在の人口や土地利用のデータを収集 2. 現在の道路網や鉄道網等とそれらのサービス内容データを収集 3. 現在の道路や鉄道の利用量データを収集 4. 1から3の間の関係を統計的に数式でモデル化 5. 将来の入力条件や設定条件を入力して将来の交通需要を出力

表2　3段階推計法の考え方（道路交通の場合）

第1段階：発生集中交通量の推計	各ゾーン（市区町村単位や小学校区単位等）を出発地とするトリップ数と目的地とするトリップ数を、人口や土地利用をもとに推計(すべて自動車交通と仮定)。
第2段階：分布交通量の推計	第1段階の結果を受け、各ゾーン間の移動コスト（距離と費用）をもとに、どのゾーン（Origin）からどのゾーン（Destination）にどれだけのトリップが移動するかを推計。
第3段階：配分交通量の推計	第2段階の結果を受け、それぞれの推計トリップについて、道路ネットワークを参照して、どの経路で移動するかを推計。これをすべて重ね合わせることで、どの道路区間にどれくらいの交通量があるかを推計。

段階推計法という呼び名で世界的に普及する。これにより、都市圏内の道路のそれぞれの断面の交通量も予測され、公共交通の整備において必要な処理能力も予測される。この推計法を用いるためには、自動車のOD調査ではなく、移動の主体である個人の移動の詳細を知る必要がある。この調査が、パーソントリップ（PT）調査である（表4）。PT調査をもとにした都市圏での交通需要予測とそれに基づいた都市圏交通計画の立案は、先のシカゴ、同年代にイギリスのレスターで実施された。日本では、公式には1967年の広島でのPT調査に始まり、現在まで、ある程度以上の都市圏で、都市圏によっては10年周期で現在まで引き続いて行われている。

3 個人の交通行動分析の経緯と課題

以上のような予測手法は集計的予測と呼ばれ、大量データを都市圏で扱うため、空間的には小学校区単位のゾーンを均質空間とみなすような、マクロ的な仮定に基づいている。幹線道路の車線数、都市高速道路の延伸、都市鉄道の必要性の議論には十分な精度ではあるが、駅前混雑緩和策の効果予測、バス運賃値上げの影響の予測といった空間的にミクロで、かつ短期的な変化の予測には必ずしも適さない。一方で、ミクロ経済学や心理学の分野から個人の選択行動への関心が高まっていることも受け、個人の交通行動を確率的な考え方で分析する、いわゆる非集計（集計しないという意味）行動モデルへの関心が高まっていった（表5）。

実務において試行的に利用されるようになったのは、わが国では1980年代以降といえる。ミクロ経済学における効用最大化理論に基づき、個人の合理的な選択を確率モデルで表現するもので、多くの場合、効用関数の確率項にワイブル分布（二重指数分布あるいはガンベル分布ともいう）を仮定したロジットモデル*の形式をとっている。非集計行動モデルの学術的発展は著しく、開業前の地下鉄のように未知の選択肢がある場合の調査方法および分析方法（表明選好調査）や、年次を経て同じ被験者に繰り返しアンケートを行う分析（パネル調査分析）などで多くの知見が得られている。これに呼応して、個人の交通行動の調査方法についても進化が見られる。詳細なアンケート調査が基本ではあるが、現在では、スマートホン等の携帯できる機器を活用して、人々の移動を追尾しながらデータ化していく方法もほぼ実用段階になってい

表3 4段階推計法の考え方（道路交通の場合）

第1段階：発生集中交通量の推計	各ゾーン（市区町村単位や小学校区単位等）を出発地とするトリップ数と目的地とするトリップ数を、人口や土地利用をもとに推計（全交通手段合計）。
第2段階：分布交通量の推計	第1段階の結果を受け、各ゾーン間の移動コスト（距離と費用）をもとに、どのゾーン（Origin）からどのゾーン（Destination）にどれだけのトリップが移動するかを推計。
第3段階：分担交通量の推計（交通手段分担）	第2段階の結果を受け、それぞれの推計トリップについて、道路ネットワーク状況や公共交通ネットワーク状況を勘案して、手段別の割合（分担率）を推計。
第4段階：配分交通量の推計	第3段階の結果を受け、それぞれの推計トリップについて、自動車での移動だけを対象とし、道路ネットワークを参照して、どの経路で移動するかを推計。これをすべて重ね合わせることで、どの道路区間にどれくらいの交通量があるかを推計。

表4 OD調査とPT調査

	OD調査（Origin-Destination）	PT調査（Person-Trip）
共通点	特定の設定日において、移動の出発地と目的地および移動の中身についてアンケート調査する。（敷地内で完結する移動は対象外）	
相違点	対象交通機関ごとに実施。自動車OD調査、バスOD調査など。	原則、家庭訪問調査で、世帯内各個人の1日の移動をすべて調査する（あらゆる交通手段での移動が対象となる）。

表5 集計モデルと非集計行動モデル

	集計モデル	非集計モデル
対象	ゾーン間の交通需要、各道路区間の交通需要を求める。長期交通計画での道路建設や鉄道建設の必要性評価などに用いる。	対象とする交通行動（目的地を選ぶ、交通手段を選ぶ、経路を選ぶ）の選択確率を求める。運賃割引や増発など短期的な交通政策の効果推計などに用いる。
手法	ゾーンごとに集計した調査データをもとに、4段階（あるいは3段階）の推計方法で計算していく。第1、第2、第3の各段階では回帰分析手法などを用いる場合がある。第4段階では数学的な最適化手法を用いる場合がある。	選択肢の属性と個人の属性と選択結果をもとに、ミクロ経済学の効用最大化理論に基づき、最大尤度推定法（最尤法）で確率（モデル）を求める。

る。医学用語のプローブ（probe：探り針）を用いて、プローブパーソン(PP)データと呼ばれる（自動車の場合にはプローブカーデータと呼ぶ）。

4 交通シミュレーション分析の経緯と課題

3段階あるいは4段階推計法における配分交通の計算では、日交通量あるいはピーク時の時間帯交通量が推計される。幹線道路幅員提案に用いる予測値としては問題ないが、交差点改良の必要性、時間帯によって信号の青時間等の制御を調整することの必要性、一方通行規制や右左折禁止規制の効果などを細かく見るのには適さない。一方で、地区内の道路交通問題への市民の意識の高まりとともに、配分交通量予測に基づく交通流動の計算結果の可視化が求められる場面も増加してきている。同時に、パーソナルコンピュータの計算能力の飛躍的な向上もあって、いわゆる交通シミュレーションのソフトウェアは、この十数年で著しく発展しており、内外でいくつかの汎用的なソフトウェアが販売されるようになった。広域的なネットワークでの交通流をより正確に分析するものや、地区内の交通静穏化対策の効果分析で強みを発揮するもの、トランジットモールでの錯綜挙動を含めて公共交通と自動車のバランス等も扱えるものなど、多様になっている。

分析手法的には、配分計算において均衡配分の技法を取り入れている点が特徴的である。最近では、VISSIMのように三次元でのビジュアルな表現機能に長けているソフトウェアも頻繁に活用されている。なお、シミュレーションソフトの活用に当たっては、現況データの観測、現況再現の確認等、地道な準備が必要であり、交通問題の分析において安易に用いることができるものではない。

5 これからの交通データと解析の方向性

交通分野では、アンケート調査が、これまでも、そして現代でも調査の中心になっている。しかし、個人情報保護法施行以降、世帯訪問アンケートの回収率は低下し、また個人の交通行動が多様化する中で、アンケート調査での限界も議論されている（詳細な調査票にすると誤差リスクが増えるようなトレードオフ等）。一方で、先のプローブパーソンデータ、公共交通のICカードデータ、高速道路等でのETCデータ等、対象者が意識しないうちに記録される電子データが大量に存在する時代になっている。携帯電話のGPSログも、位置情報を連続的にとらえれば移動データである。

この種のデータは、これまでのアンケートデータベースのものとは根本的に異なった性質を有している。同じ個人の1カ月にわたるバス乗車記録等、これまでは入手不可能であったような連続的データも得られるようになってきた。これらのデータは、いわゆるビッグデータの類であり、これらを組み合わせて解析して、流動の実態をより細かく把握し、交通問題の診断をより精密に行っていく方向になっていくものと思われる。

6 交通デザイン

(1) 住宅地の街路設計と運用の
　基本的な考え方と事例

都市が空間的に拡大していく過程で、まず住宅地が郊外化することはいうまでもない。この郊外住宅地の街路設計においては、モータリゼーションの進展の中で自動車をどう扱うかが大きな課題になる。自動車交通がない、あるいは少ない前提では気にすることではないが、必ずしもそうではない。

最初に注目された視点は、通過交通の排除と歩行者の安全であったようである。1928年のアメリカのニュージャージー州ラドバーンにおける住宅開発では、スーパーブロックとクルドサック（車の方向転換ができる袋小路）を巧みに配することにより、個々の住宅の前面道路には、通過交通（そのクルドサック沿いの住宅に用事のない自動車）が進入することはなくなり、また居住者の日常の徒歩動線（通学等）は、自動車の動線と完全に独立して平面で交わることのない歩行者専用道路によってなされるようになっている。その後のアメリカでの郊外型開発でも、このクルドサックとスーパーブロックのかたちは継承されていった。歩行者専用道路は後の事例では取り入れられていない。これは、ラドバーンにおいても歩行者利用が決して多くなかったこと等が理由として想定できる。

1970年にオランダのデルフト市で実験的に導入されたボンエルフ（Wonnerf：生活の庭）は、既存住宅地において、ハンプ（路面の横断方向に設けた低い突起）やシケイン（S字状のクランク）を導入して自動車の走行速度を低下させるもので、その後の欧州を中心とした交通静穏化（traffic calming）策やわが国のコミュニティ道路事業等にも影響を与えた。この考え方は、現在のシェアドスペースの考え方へとつながっている。

(2)都心地区の街路設計と運用の基本的な考え方と事例

都心地区において自動車を戦略的に排除して歩行者空間を有機的に整備したのは、比較的最近である。大規模な歩行者空間で知られるドイツのミュンヘンも、フランスのブサンソン（交通セル）も、スウェーデンのイエテボリ（トラフィックゾーン）も1970年代である。ちなみに、旭川で4車線国道を歩行者専用化した買物公園、ブラジルのクリチバ市の都心歩行者専用化第一弾のお花通りも、ミュンヘンと同じく、1972年に導入されている。

歩行者専用空間に公共交通だけ走行を認めるトランジットモールは、今でこそ欧州の多くの都市で見られるが、そのルーツの一つは1966年のアメリカのミネアポリスのニコレットモールである。都心から自動車を締め出した結果トランジットモールになったのは、ドイツのフライブルク等多くの例がある。

欧州の多くの都市で、歩行者の尊重、自動車の排除、必要に応じてトランジットモール等で公共交通を優遇、駐車場を外縁部（フリンジパーキング）や公共交通駅（パークアンドライド）に移設する、駐車場料金を管理する、といったメニューで都心を守っている。

(3)LRTを軸にしたポートランドのまちづくり

アメリカのオレゴン州ポートランドは、自動車への過度な依存からの脱却を目指した先進的なまちづくりで知られている。アメリカでの都市計画は基本的に道路がベースであり、その前提は、自動車利用である。その意味でAuto-Oriented-Developmentと呼ぶにふさわしい。これに対してポートランドでは、建築家Peter Calthorpeが提唱するTOD（Transit-Oriented-Development：公共交通指向型開発）に基づいて、土地利用計画と交通計画を展開した。高速道路建設をやめ、都心の自動車専用道路を都心外に移設し、都心から放射方向にLRT（路面電車寸法の車両をベースとして近代化した交通システム）を建設し、その駅のまわりを高密度複合開発地とした（高密度といっても日本の大都市の郊外拠点駅よりはずっと低密度）。都心においては、駐車場の総量上限を設定した。都心のLRT走行空間沿いの建築物の1階をガラス張

りにするなど、ユニークな規制で都心の再活性化や自動車分担率の低下を実現した。TODがポートランドのまちづくりのコンセプトの基本といわれているが、公共交通のあり方についていうなら、1970年代のトロントのtransit first（公共交通第一主義）宣言の影響を受けているといえる。ちなみに、同じカナダのバンクーバー、アメリカではサンフランシスコもtransit firstを明言しており、都市デザイン上の重要な観点になってくる。

(4) バスシステムを軸にしたクリチバ市のまちづくり

1966年にコンペを経て策定されたブラジル連邦パラナ州クリチバ市のマスタープランは、都市発展を線状のコリドー空間で受け止めるというもので、その背骨部分に専用道路走行のバスシステムを取り入れた、極めてユニークなものであった。バス専用道路は宅地細分割での減歩により捻出されるもので、大規模な補助金の投入なく整備されている。バス専用道路沿いにのみ高密度高層開発が集中するような建築規制を取り入れ、結果的に、バス専用道路沿いにのみ20階以上からなる超高層マンションが立ち並ぶ街並みを形成できた。都心地区の駐車場新設を凍結するなど自家用車への依存不要な都市づくりを推進してきたが、21世紀になって、連邦政府による国策で自動車購入と自動車利用が促進され、駐車場新設の凍結は解除となった。同時に超高層マンションの魅力向上から自動車保有層が居住するようになり、都心の駐車場増加と相まって、バス専用道路沿道居住者のバス利用は低下した。都市発展に伴い低所得者が都市外縁部に居住するようになり、彼らが都心で働くためにバスを利用するので、バス自体は混雑している。一方で道路渋滞は深刻になってきたが、2013年以降、状況改善の取組みが始まった。

(5) これからの交通システムのデザインの課題

大枠として、自家用車利用への過度の依存からの脱却を目指したデザインが、今後とも望まれることは間違いない。その中で、より重視するべき視点としては、十分な現況診断に基づくデザインであること、現存している良いものや潜在力のあるものを活かす知恵を伴ったデザインであること、運営や管理すなわちマネージメント、日々の運行オペレーション、日々の監視コントロールと連動していること、特にプライシング（課金政策、価格形成政策）やシェアリング（共同利用）に十分に配慮していること、都市空間の機能構成と連動していること、さまざまな不確実性に対応できる強靭さを有していること、多様な交通手段が選べる環境（multi-modal-mobility）を用意できていること、などを指摘できる。これらにおいて求められるのは、多くの代替案を設計、提案できるセンスのある専門家集団の育成とともに、それらの代替案を定量的に評価するためのツールの整備とデータの確保になる。前述したように、シミュレーションソフトは著しく充実しており、評価のためのツールの整備のお膳立てはできつつある。よって残された課題としては、人材育成とともに、データ確保になる。これも前述したが、交通関連のデータの質と量は大きく変化してきており、加えて、新しいセンシング技術等によって利用可能なデータの幅が広がっていく時代に対応していく必要がある。

＊ロジットモデル：
誤差項に正規分布を仮定するものをプロビットモデルといい、式変形のしやすさから正規分布に似たガンベル分布を仮定したものをロジットモデルという。

〈参考文献〉
1)『都市交通計画第2版』新谷洋二編著、技報堂、2003年
2)『バスでまちづくり　都市交通の再生をめざして』中村文彦著、学芸出版社、2006年
3)『交通工学実務双書3　交通システム計画』太田勝敏著、交通工学研究会編、技術書院、1988年

4-2-6
都市のエネルギーの有効利用計画とデザイン

日建設計　大澤 仁

今や都市にとって、エネルギーの効率的な利用は欠かすことができない。有限な空間と資源下での都市のエネルギー利用には、資源生産性の改善のもとにエネルギー利用効率を生活の質とともに高めていくことが求められている。

以下では、こうした観点から都市のエネルギー利用の歴史的背景を概観し、その知見に立った計画技術としての都市のエネルギー利用計画の策定の考え方と、その実現の一形態であるスマートな都市エネルギーのデザイン事例を紹介する。

1 エネルギー利用の歴史的背景

エネルギーの有効利用が問われる背景には、都市生活に必要なエネルギー源となる化石燃料等の賦存量が有限性を持つというほぼ自明的な事実と、これを消費、利用する人口が増加の一途にある事実への、理性的な解決策の一つであることに他ならない。

かつてT.E.マルサスが指摘した人口増加と食糧増加の不均衡は、人口増がエネルギーや資源枯渇の直接要因であることを暗示している。他方、エネルギーや資源の有限性と有効利用への直接的な言及は、産業革命以降のエネルギーの大量消費とそれに伴う環境汚染が地域社会問題となった1900年近くとなる（図1）。

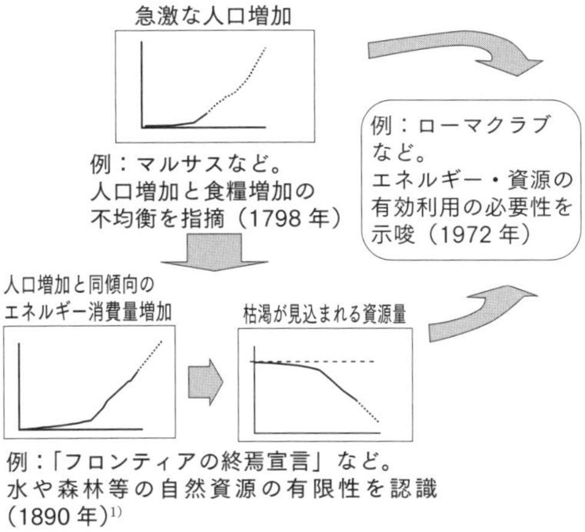

しかし、両者を一つの文脈でとらえ、科学的アプローチにより分析し、数値として目に見えるかたちで世界に示したのは、1972年の『成長の限界　Limit of Growth』（ローマクラブ、図2）がおそらく初めてであろう。ローマクラブのレポート『成長の限界』は、人類が利用可能な資源やエネルギーはもはや無尽蔵ではなく、やがて枯渇するおそれもあることを数値により示した。その後、レポートへのさまざまな批評が見られたものの、この警鐘を契機に、その後世界的に資源の利用と保護に対して多様な社会的取組みが展開されるようになったことは、人類史上の大きなメルクマールであろう。

レポートは、J.W.フォレスター教授が開発したSD（システム・ダイナミクス）なるシミュレーション技法の成果に基づいている。レポートでは、地球全体を閉じたシステム（世界モデル）ととらえ、その中で起こるさまざまなアクティビティ（人間活動）間の因果関係を数式で記述し、100年間の動態として示した。すなわち、資源やエネルギー量の将来動向が、いわゆる「見える化」されたことで、世界の人々はわれわれの地球が危機を迎えようとしている段階にあることを知るに至った。

こうした知見から、今や都市のサステナビリティは、環境とエネルギー、それが利用される都市・建築、その利用主体である人口との相互関係で規定されるとの理解に立つことが可能となる。

2 都市のエネルギー把握

都市のエネルギーの効果的な把握は、対象都市のエネルギーを規定している需給要素に着目

図1 エネルギー・資源の有効利用の提言

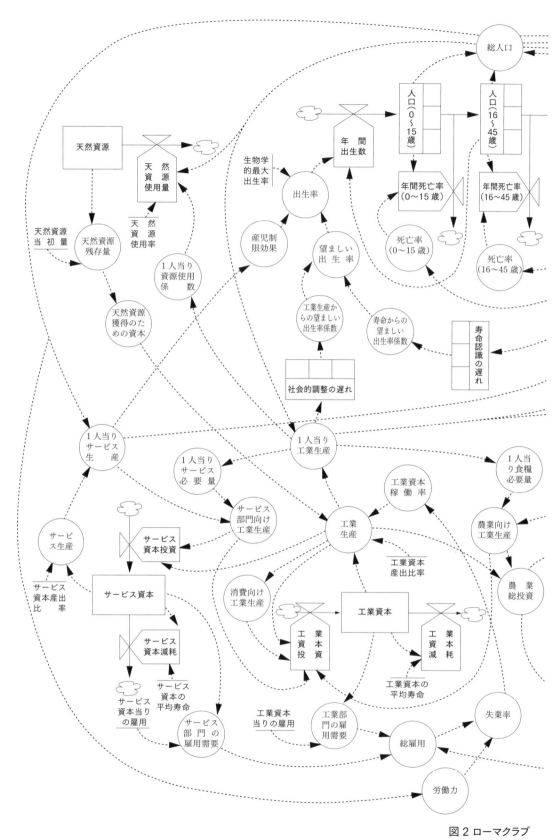

図2 ローマクラブ

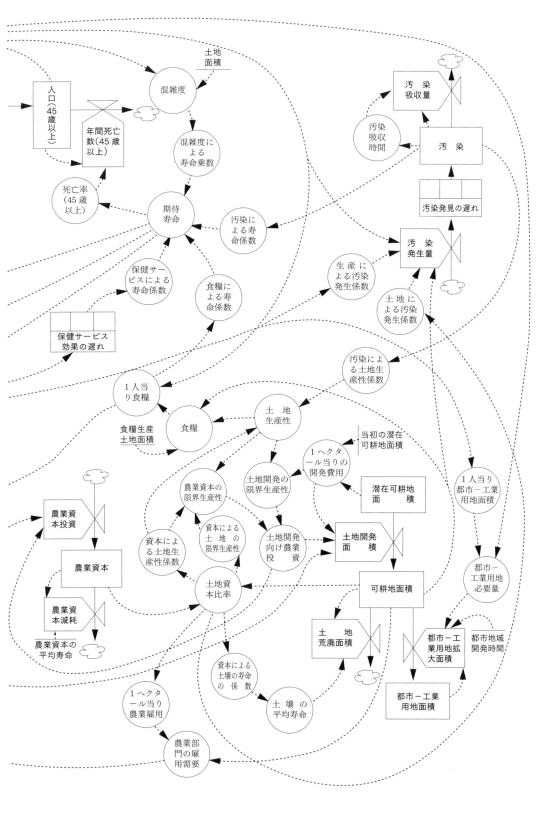

の世界モデル[4)]

し、エネルギー計画に利用可能なかたちでエネルギー・データを作成することである。

(1)把握対象の設定方法

都市のエネルギー計画は、対象となる都市のエネルギー需給量を把握することから始まる。都市レベルで需給量を把握する場合は、対象となる都市における需要と供給にかかわる諸量を把握する必要がある。この場合、一般には、エネルギーに関する各種統計値を利用することになるため、統計区分と一致する行政域を把握対象として設定することとなる。

(2)エネルギー・データの作成方法

統計値等に基づく方法

都市のエネルギー量は、対象都市に供給されるエネルギー供給量（≒需要量）と都市内で利用される量の積上げ総量（＝消費量）を比較しながら設定することが基本的な把握方法となる。

一般に、エネルギー消費量は、「エネルギーを消費するアクティビティ総量×エネルギー消費原単位」の算式で求めることが可能なようにデータが作成される。原単位は、年次ごとの積上げに適するようにエネルギーの利用区分ごとに関連統計値を加工し、作成することとなる。留意点としては、その後の計画策定に適するように、エネルギー利用計画の各要素に即して原単位を作成することが望ましい。

計測による実績値に基づく方法

世界的な潮流となっているスマートシティの実現の主要なツールとして、スマートメーターの利用が期待されている。これは、家庭などのエネルギー需要端に取り付けられ、エネルギー消費量をリアルタイムに把握する装置である。スマートメーターから得られる消費量の実績値に基づき、平均的な統計値の利用に加え、より精度の高いデータの作成が可能となる。

都市のエネルギー計画

都市のエネルギー計画策定は、サステナブル建築が集合する都市、すなわちスマートシティ／スマートコミュニティを実現する計画技術としての意義を持つ。持続性のある都市成長の要素を探りながら計画を策定するためには、マネージメントの対象となる都市のエネルギー・データ作成とそれに基づくモデル構築、都市が目指すシナリオに基づいた動態シミュレーションがエネルギーの可視化を可能とする計画技術となる。

エネルギー計画は、都市・建築・設備の各計画段階において、需要・供給のハード、ソフトに関する整備、運用のための計画値を設定することである。都市全体が計画対象となる場合、各種建築物、交通機関等の計画対象のエネルギー消費量を年次的に積み上げ、現在時点と将来時点の構造変化を予測、比較し、その変化がサステナブルかどうか、計画の妥当性を事前に検討することが求められる。

そのため、従来、都市のエネルギー消費構造に基づきエネルギーモデルを構築し、シミュレーションの方法により計画要素の将来動向をシナリオ的に考慮し、作成したエネルギー・データなどをもとに将来値を予測している。

都市レベルのエネルギーモデルは、これまで主に統計的手法による計量経済モデル、エネルギー消費構造のように需給の因果関係を取り扱えるSD（システム・ダイナミクス）モデルなどがある。過去のトレンドの延長に基づき予測する計量経済モデルは、経済変動が激しい時期には適さない面がある。

ローマクラブが利用したSDモデル（世界モデル）は、食糧・天然資源・環境の三つの要素を制約として、各要素の因果性に基づき人類社会の成長の限界を描いている。SDモデルは都市の多様な分野のエネルギー利用を統合的に取り扱う計画ツールに適している。

他方、近年のICTの発達により、エネルギー設備のきめ細かな制御や利用データ計測が可能となり、エネルギー計画においても、従来の統計的な予測手法だけでは不十分な面もある。今後、スマートメーターの導入に伴い、実測データに基づく新たな予測手法（データマイニン

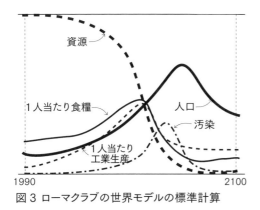

図3 ローマクラブの世界モデルの標準計算

グ、ビッグデータ分析など)が模索されよう。

(3) スマートな都市エネルギー利用のデザイン

以下では、都市のエネルギー有効利用計画に基づいてデザインされるスマートな都市の実現に向けた事例を紹介する。

01：エネルギー都市モデル構築

資源やエネルギーの大半を輸入に依存するわが国では、1973年の第一次石油ショック以降、資源やエネルギー消費量を抑制する方策への取組みが社会的潮流となっている。都市、地域レベルでは、太陽、風力、バイオマス等の自然エネルギー利用の流れができ、現在の再生可能エネルギー利用の系譜につながる。

続く1978年の第二次石油ショックのあと、札幌市では、冬季の暖房、除雪に大量の化石エネルギーを消費することから、「省エネルギー都市づくり基本計画」(1985年)を策定している。

この計画では、札幌市のエネルギー統計等をもとにSDモデルにより都市モデルを構築し、いくつかの将来シナリオに基づき、市のエネルギー消費構造の将来動向を描き、とるべき都市政策を明らかにしている。

以下にこの計画策定の事例を紹介する。

都市のエネルギーモデル構築

札幌市のエネルギー消費を産業（第一・二・三次）、民生（家庭・商業業務・公共業務）、運輸（旅客・貨物）、人口の9セクターに分け、セクター内およびセクター間の都市活動や産業構造における因果関係に着目して、エネルギー消費構造を数値モデルで同定している。

都市の動態をエネルギー消費量として求めるため、システム変数の状態、決定、制御の関係をレベル変数、レイト変数といったエネルギー消費構造が直感的に記述しやすい関数で扱えるDYNAMO言語＊を利用して、モデルを構築している。

＊DYNAMO (DYNAmic MOdels) 言語：
J.W.フォレスター教授が提唱したシステム・ダイナミクスのシミュレーション言語として、1950年代後期にマサチューセッツ工科大学で Alexander L. Pugh IIIらによって開発された。

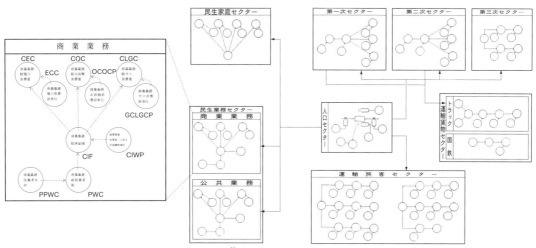

図4 SDによる札幌市省エネルギー都市モデル[6]

シナリオ分析による
将来エネルギー消費構造の推計

　現状再現のもとに構築したモデルを用い、将来の札幌市が目指そうとする政策のプライオリティから求められるシナリオに基づき、将来エネルギー消費構造をいくつかのケースとして推計している。[5)][6)]

　こうしたアプローチにより、本市の成長とエネルギー需要の関係が明らかとなり、その後のエネルギー政策を方向づけることに貢献している。また本事例は、現在のスマートシティ計画に通じる先進的な計画技術としての普遍性を示している。

02：スマートシティのエネルギー・データ

　都市管理へICTを活用する試みは、インテリジェントシティなどに代表されるように、コンピュータや情報通信の発達に沿った系譜を持つ。近年は、スマートシティあるいはスマートコミュニティとして都市づくりを進める潮流が、欧米・アジア諸国に見えつつある。すでにISOをはじめとした複数の世界的な国際標準化機関は、スマートシティの標準化に取り組み始めている。わが国では、第2章2-2に紹介されているように、2010年に経済産業省の施策として、横浜市、豊田市、けいはんな学研都市、北九州市の4地域においてスマートグリッド／スマートシティの社会実証の取組みが始まっている。この社会実証では、実証地区内の施設における電力、ガス等のエネルギー使用量データをスマートメーター等によりリアルタイムに計測し、エネルギーのピークカットなどの実現方策を検証することを狙いとしている。地区におけるエネルギー・マネージメントを図るために、需要予測やそれに基づくダイナミック・プライシングなどの方策が検討され、それらを統合管理するCEMS（Community Energy Management System）の構築が目指されている。[8)]

　シミュレーション計画技術とともに、これらのエネルギーの実績データを有効活用すること

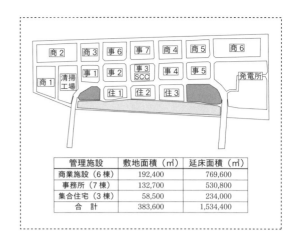

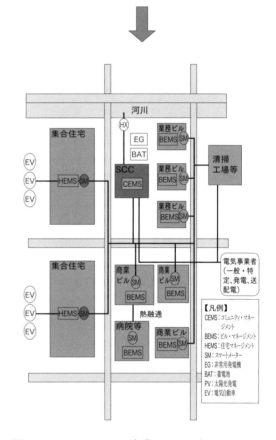

図5　スマートコミュニティ事業のイメージ

により、都市のエネルギー計画をダイナミックに策定、運用することが可能となると考える。

03：スマートシティの実践計画

　スマートシティは、都市開発・整備の中で計画されるため、関連計画・制度と整合を図りな

がら実現されることになる。具体的には、都市開発プロジェクトとして、まちづくりの将来像に沿って都市計画に位置づけられ、関連するインフラ整備等と協調しながら公民協働で進められる。

ここで紹介する品川駅・田町駅周辺地区は、東京の南のゲートに位置し、将来JR車両基地の跡地を含むエリアで都市開発が想定されている。今後、山の手線の新駅設置、リニア新幹線駅設置などが計画されるなど交通至便に加え、運河などの水・緑・景観、歴史資源の豊かな地区である。本地域の将来都市像は、①環境モデル都市づくり、②千客万来の都市づくり、③東京サウスゲート形成の三つである。この都市像を公民協調で実現するためには、計画段階で周到な実現イメージを検討する必要があった。そ

図6 品川駅、田町駅周辺地区におけるシミュレーションの概要

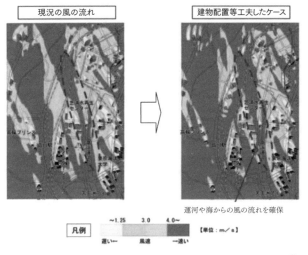

図7 品川駅、田町駅周辺地区　風の道のシミュレーション[9]

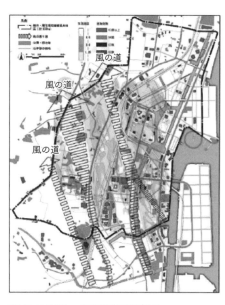

図8 品川駅・田町駅周辺地区
風の道確保の計画誘導[9]

図9 品川駅、田町駅周辺地区の景観シミュレーション[9]

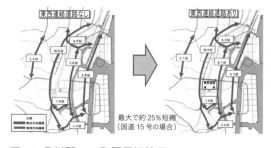

図10 品川駅・田町駅周辺地区
マイクロ交通シミュレーション[9]

のため、各都市像を具体的なアクティビティとして表現し、可能な限り数量化し、計画実施のインパクトをあらかじめ把握するため、環境・景観・交通等の各種シミュレーション技術を駆使している。特に本地域の置かれた東京臨海部の特性からは、東京湾から都心に流れ込む海風を建築物群により遮らないように、風の道を確保する建築作法を誘導する必要があった。そのため都市計画として風の道を明示し、建築物の立地インパクトを事業者自らが事前にアセスメントすることなどの誘導方針を、まちづくりガイドラインとして提示している。都市活動の質確保に配慮した各側面のエネルギー最適化が、結果的に良質なスマートシティの実現を確実にする。また、スマートシティの実現には、個々の事業者の創意工夫や努力に加え、そうした努力が生きる制度や関連インフラ等の各種社会システムの整備が不可欠である。本事例は、今後わが国が目指すスマートシティを実践するモデルの一つになるものと期待される。

＊2014年9月に最新版「品川駅・田町駅周辺まちづくりガイドライン2014」が公表されている。

〈参考文献〉

1)『「環境政策形成過程の国際比較」調査研究報告書』アジア経済研究所、2011年
2)「World population, estimate and three senarios:1700-2300」(United Nations Department of Economic and Social Affairs/ Population Division World Population to 2300、国連、2004年)
3)『エネルギー白書』資源エネルギー庁、2011年10月
4)『成長の限界――ローマ・クラブ「人類の危機」レポート』ドネラ・H.メドウズ著、ダイヤモンド社、1972年
5)「札幌市におけるエネルギー消費構造調査について」藤原陽三、大澤仁他、『日本建築学会学術講演梗概集（近畿）』1987年10月
6)「省エネルギー都市づくり基本計画策定調査　報告書」札幌市、1985年3月
7)「参考資料3　市町村別エネルギー消費統計作成のためのガイドライン」資源エネルギー庁、2006年6月 http://www.env.go.jp/earth/ondanka/suishin_g/3rd_edition/ref3.pdf
8)『スマートコミュニティ　未来をつくるインフラ革命』柏木孝夫監修、時評社、2012年
9)「品川周辺地域都市・居住環境整備基本計画」東京都、2006年9月、「品川駅・田町駅周辺まちづくりガイドライン」東京都、2007年11月

第 5 章

スマートシティ時代の建築の快適性を探る

5-1
スマートシティ時代の新しい建築の実例

東京理科大学准教授　安原 幹

1　スマートシティには建築家の役割は期待されていない？

「スマートシティ時代の―」と銘打った本書において、新しい建築の実例をあげるに当たり、かなりの議論を行った。結論からいうと、スマートシティ時代の建築は、いまだその姿を現していない。国内外で計画されているスマートシティの中に現れる建築には、少なくともそれらの都市のビジュアルイメージを見る限り、特に目新しさはない。中心部には見慣れた高層ビルが建ち並び、住宅の屋根には太陽光発電パネルがこれでもかと大量に載せられている。建築以外の多くの業種が参入し、ビジネスチャンスとしては大きな盛上りを見せているスマートシティであるが、期待されているイノベーションの大部分はICT技術による「運用」面に負っており、そこにふさわしい建築空間の新しいイメージは提示されていない。むしろ、空間的な新しさはそもそも求められてはいないようにも思える。従来型の住宅にさまざまな電子デバイスを装備した「スマートハウス」のイメージを見るに、その思いを強くする。

2　サステナブル建築の行方

一方で、ここ十数年で数多くの蓄積がなされたサステナブル建築デザインについて、いま一度考えてみる。環境への配慮が建築表現の重要なテーマの一つとなって久しいが、多くのサステナブル建築は、さまざまな要素技術の集積として組み上げられており、総体としての美学や空間イメージは乏しい。そもそも、環境に「配慮している」こと自体を主題としたデザインは、環境配慮が当然のこととなった現代においては、もはや発信力を持たない。

こうした既存のサステナブル建築の事例は、これまでにたびたびまとめられ、出版されている。しかし、それらの書物の最新のアップデート版を作成することは本書の趣旨には沿わない。かといって前述したように、スマートシティの時代を象徴するような新しい建築は、いまだ姿を現していないのが現状なのである。この現状は、ある意味でわれわれ建築家の怠慢である。それならば、すでに実現している建築の中に、いまだ形になっていないイメージの萌芽を見つけてその可能性を提示することが、本書の役割なのではないかと考えた。

3　環境時代の新しい空間的価値

一般的に言って、これまでのサステナブル建築も、スマートシティのさまざまな試みも、目標とする性能を、より少ないエネルギーで達成することを目指してきた。しかしながら、社会全体のエネルギーに対する考え方に大きな衝撃を与えた東日本大震災以降、さらなる消費エネルギーの削減を達成するためには、都市や建築が目指すべき目標設定自体を見直す必要があるだろう。そうした目標は、新しい生活スタイル（働き方、学び方等）と、新しい空間のセットでしか示すことができない。それこそが、建築家の果たすべき役割である。

これまでにない新しい快適さや新しい価値を、空間として示すこと。もちろん、それらは近代以前のバナキュラーな建築の単なるリバイバルであってはならない。そこで本書においては、建築家的構想力でつくり出された、新しい快適さの可能性を示す事例を取り上げる。それらは、必ずしも環境配慮を最優先に計画された建築ではない。ただ、それぞれの事例が固有の条件下における固有解として、これからの建築が目指すべき環境との関係のヒントを指し示している。

4　「不快でない」ではない新しい快適さの開発

　環境工学的視点では、建築における快適な状態とは、「不快でない」状態を指す。多くの人々が同時に存在する環境（典型的なのはオフィス）においては、このことはある程度仕方のないことである。たとえば、個人住宅であれば住まい手にとっての固有の快適さを確保することを目的に、さまざまな野心的な試みがなされている。ところが建築が公共性を帯びるやいなや、すなわち複数の身体が関与すると、目指す性能は最大公約数的なものとして設定される。結果として生まれる空間は、万人にとって不快ではないが、積極的な快適性を持たないものとなる。

　しかしながら、立地条件や建築のプログラム、人々のアクティビティを周到にデザインしていけば、「複数の身体にとっての快適さ」は決して獲得できないものではない。

5　ムラを許容する空間

　キーワードの一つとなるのは、空間の「ムラ」である。近代建築の目指した均質空間は新しい美学として急速に世界中に伝搬したが、同時に、環境のムラをネガティブなものとして退けた。かくして、不快でない均質な空間が標準的な目標となり、いざ省エネという段になると、単純に設定温度を上げ（下げ）、皆で我慢をしようという話になる。ここで想定される人間像はしかし、あくまでも計画する側、管理する側の視点からとらえた、受動的な人間像だ。しかし現実には、エンドユーザーのカラダはそれほどヤワではないし、観察対象を広げれば、ムラのある環境にしなやかに適応している事例はいくつも存在する。

6　人間中心の環境建築へ

　人が動く、ということも、ここで取り上げた事例の特徴の一つである。これまでの工学的な人間像は、空間の中にとどまり、執務や学習といった想定された行為を行う存在だ。場合によっては電子機器と同様に、熱負荷として取り扱われてきた。

　しかしながら、たとえば現代のオフィスにおける働き方は、かつてのようにデスクに張り付いていないとできないものではない。また学校においては、授業中と休み時間で生徒たちの心理状態も行動パターンもまったく異なる。美術館や博物館の中では、人は絶え間なく周囲の空間の状況に自らをアジャストしながら歩き回る。

　人は動き、状況によって異なる身体的モードで環境を受容する。ただ、計画する側が、従来のビルディングタイプで想定されていたアクティビティを惰性的に決め込んで設計した建築には、そのようなダイナミックな様相は決して生まれない。本書であげる事例は、想定されるアクティビティと、人の身体のモードを空間設計に巧みに織り込むことで、環境と建築の新しい関係性をつくり上げている。こうした関係性は、まったく異なるビルディングタイプの設計にも応用することができるはずだ。

7　単体建築を超えて都市へつながる可能性

　ここで取り上げた事例はすべて単体の建築であるが、「境界のつくり方」に新しさを持っている。これまで、環境的側面から建築を語るときは、建築内部と外部環境を分ける境界（=envelope）が主な問題とされてきた。しかしながら、ここで取り扱うのは、単に内外の境界に限らない、内部と内部の境界も含んだ開き方、あるいは閉じ方の多様な様態である。

　内部/外部の境界と、内部/内部の境界を同時に考える。そうすれば、これまで建築の単位と考えられてきたenvelopeは曖昧になる。建築の内部に、建築と建築の間に、あるいは建築と都市の間に環境のムラが多様に生じ、それに人々が軽々とアジャストしていく。そのような主体的な身体を前提にしたときに、スマートシティ時代にふさわしい、都市と建築の関係が見えてくるのだと思う。

5-2
空間とアクティビティのモード変化
宇土市立宇土小学校 安原 幹

2階テラス、休み時間の様子

校舎内を風が吹き抜ける

限りなく外に近い学校

「くまもとアートポリス」事業の一つとして行われた小学校の改築である。ここには、あらかじめ閉じられた空間単位としての教室は一つも存在しない。そのこと自体は、昨今のオープンプランタイプの学校では珍しいことではないが、この学校を特徴づけるのは、L字のRC壁によって2辺のみ囲われた教室と、内外を仕切るフルハイトのガラスの折れ戸だ。始業前に訪れると、生徒が自分たちで折れ戸をガラガラと開ける風景が目に飛び込んできた。聞けば、生徒たちの係分担の中に「窓係」があって、登下校時に折れ戸の開閉を担当しているそうだ。

中間期に訪れたので、教室まわりの折れ戸は半分以上が開放され、廊下に掲示された書道作品がはためくほど、心地良い風が吹き渡る。文字通りほとんど外のような環境で、授業が行われていた。

この2階建ての建築は、構造的には2階と屋根の2枚のスラブを、ランダムに配置されたL字壁が支えることで成立している。L字壁は人が集まる領域（＝教室）を緩やかに規定し、内外を仕切る境界（＝折れ戸）は、床スラブの端部から大きくセットバックした位置に設定されている。この境界が手動で自由に開閉されるから、教室とテラス、廊下とテラスが融通無碍に一体化したり、仕切られたりするわけである。
（撮影日＝2013年9月18日）

配置図

設　　計：小嶋一浩＋赤松佳珠子/CAt
竣　　工：2011年
所　在　地：熊本県宇土市
階　　数：地上2階
構　　造：RC造一部S造
延床面積：8,570㎡

アクティビティと人のモード

　授業中はL字壁の内側に集まり、黒板に向かって着席していた生徒たちが、休み時間になると内外の区別なく自由に歩き回る。休み時間中は教室と廊下、内部と外部という区別が消え去るし、L字壁の裏と表も感じられなくなる。学級間の垣根もなくなる。チャイムが鳴ると、再び生徒たちはL字壁の内側へと集まってくる。生徒たちのアクティビティのモードは、授業中と休み時間で大きく変化する。その滑らかな変化を可能にしているのが、フルハイトのサッシュがつくり出す内外の連続感と、人が集まるきっかけとなるL字壁の存在である。

絶え間ない空間の変化

　さらに特徴的なのは、1日を通して折れ戸の開閉状態が変化し続け、空間の状況もそれに応じて変化することだ。たとえば、午前中に閉じられていた図書室の折れ戸が休み時間には全面的に開放され、生徒たちが中庭から自由に出入りする。午後に体育館2階の大開口が全開放されると、北側の運動場に面した1階開口から大量の風が校舎を横断して流れ込む。このときには空気の流れの大きな変化を体感できる。中間期の自然通風は多くの建築で計画されるが、公共的な建築においては、実際には窓の開け閉め自体が行われないことも多い。宇土小学校のよ

L字形のRC壁に緩やかに囲まれた教室

二つの教室の間のロッカースペース

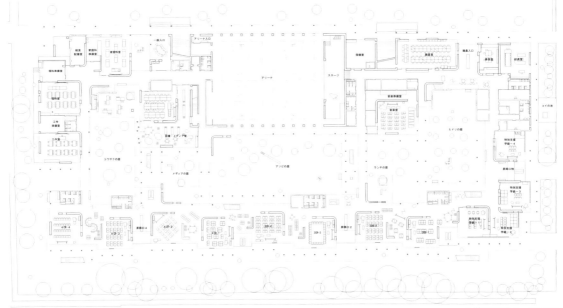
1階平面図 S＝1/1000

うに大量の開口部があると管理運営はさぞ大変なのではと想像していたが、学校というプログラムを活かし、生徒が自分たちの責任において開け閉めするという仕組みが有効に働いている。

ここでは、アクティビティのモード変化と、空間の変化が絡み合い、刻々と変わりゆく空間のムラを生み出している。L字壁がつくり出す緩やかな教室群というコンセプトと、開閉部分のディテール、そして実際の運用方法を周到に計画・設計することで、学校というビルディングタイプを超えた、新しい空間体験と快適さを提示している。

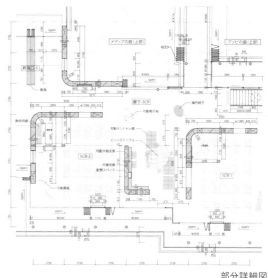

部分詳細図

フルハイトの折れ戸

模型写真

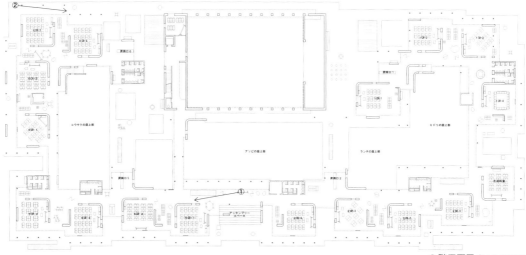

2階平面図 S＝1/1000

L字壁を巡るアクティビティの観察

休み時間中の生徒たちの活動の様子を動画で記録した（視点は前ページ2階平面図の①）。下図は生徒たちの動きを図面上にプロットしたものである。授業終了とともにL字壁の内側から外側へあふれ出し、内外を問わず動き回っていることがわかる。教室と教室の間の小さなL字壁の共用スペースに、両クラスの生徒が混ざり合って集まっている。授業開始とともに再びL字壁の内側が、領域としての意味を取り戻す。

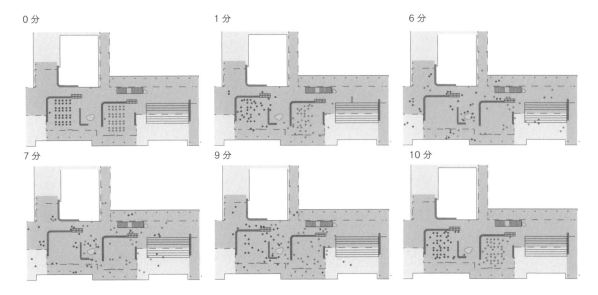

休み時間における生徒たちの行動のプロット

折れ戸の開閉により拡張する空間

外部テラスより教室を見る（視点は2階平面図の②）。生徒たちの活動が内外の区切りなく連続する様子がわかる。

1日を通した空間の様相変化

始業から終業までの間、折れ戸の開閉状態を記録し、空間が変容する様子を図化した。教室ごとのローカルな変化や、体育館の折れ戸が開放されたときの大きな変化など、刻々と空気の流れが変わり続ける。

登校前　　　　　　　　　　　　　　　　2F
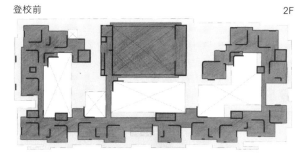

午前
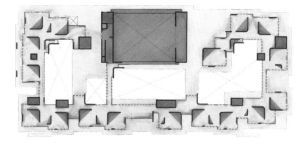

午後
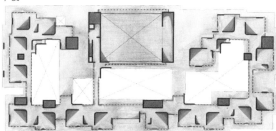

折れ戸の開閉による空間の変化
濃：閉じられた空間　淡：開かれた空間

折れ戸を自分たちで開閉する生徒

南側ファサード

設　　計：妹島和世建築設計事務所
竣　　工：2011年
所 在 地：東京都港区
階　　数：地上5階　塔屋1階
構　　造：鉄骨造
延床面積：950.61㎡

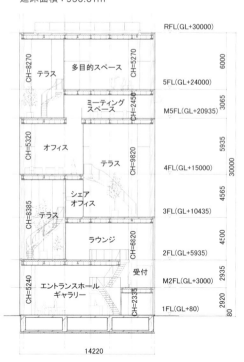

断面図　S＝1/400

5-3
内外が溶け合い、都市と連続する自由な働き方
シバウラハウス

安原 幹

都市と建築の間での空間のシェア

　広告の画像制作・デザイン・製版を主な事業とする会社のオフィスである。5階建て（7層）の建築のうち、自社オフィス専用部は約3割で、残りのスペースはオフィス空間の延長であると同時に、外部利用に対して積極的に開放、シェアされている。

　この建築を特徴づけるのは、さまざまな曲線で分割した床スラブを上下させることで生まれる立体的なつながりと、接道する南面、東面の巨大なテラス空間である。メタルメッシュで覆われたテラスは緑で溢れ、跳ね出した上階のスラブが室内への日射を軽減する。

　1階のカフェスペースは誰でも自由に出入りし、使用することができる。2階ラウンジ、3階シェアオフィスは、協働するデザイナーらが打合せや作業などに使用できるスペースである。緻密さが要求される作業は4階オフィスで行われるが、多くの社内スタッフが、その他のフロアでノートパソコンを使いながら打合せや作業を行っている。この建築では、屋内外をまたいでさまざまなスペースを移動しながら、極めて自由な働き方が展開されている。また、1階カフェや5階多目的スペースでは、さまざまな団体や地域住民による、驚くほど多様なイベントやワークショップが行われている。

　もちろんこうした空間的余裕は、すべての企業が用意できるわけではない。しかしその余裕を地域社会や来訪者とシェアすることが、クリエイティブなアイデアや新しいビジネスにつながっていくのであれば、オフィスビルのあり方として大きな可能性を持っているといえる。

　前面道路は交通量が多く、窓や扉を開け放すことは難しい。その点で内外の境界は確固として存在しているのだが、この建築で感じる視覚的、またアクティビティ面での都市への「近さ」は、都市と建築の間に今までにない関係をつくり出している。このような質を持つ建築が立ち並ぶ街の風景と、そこで自由に移動しながら仕事をする人々の様子を想像してみると、建築の単位を超えた新しいアクティビティの可能性を予感することができる。

第5章　スマートシティ時代の建築の快適性を探る

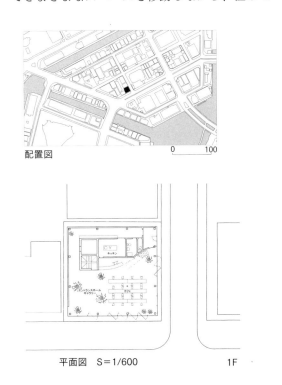

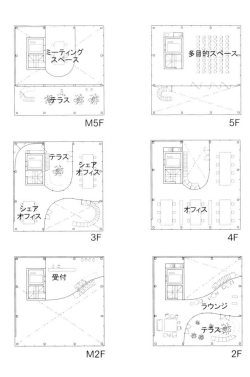

エントランスギャラリーの様子

上の2カットは中2階からの見下ろし。上の写真では、子供を対象としたワークショップと打合せが同時に行われている。下の写真は、大がかりなワークショップの準備中。使われ方に応じて空間の様子が大きく変化する。

下の2カットは、前面道路との関係を示す。道との関係が非常に近く、通りがかりの人が気軽に入ってこられる場所となっている。

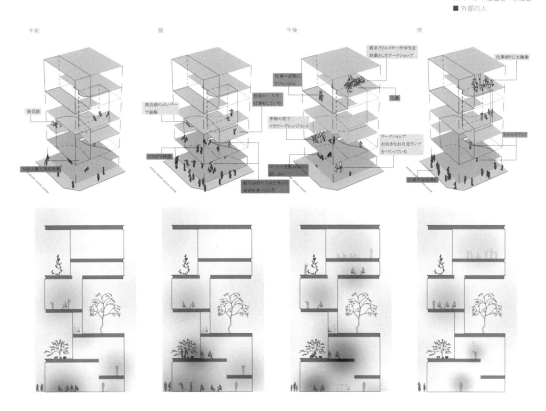

第**5**章 スマートシティ時代の建築の快適性を探る

上図は、1日の間で行われたイベントや人の動きを観察、記録したものである。社内、社外のさまざまな人々の活動が、この建築のさまざまなレベルで展開されている。立体的につながりを持つ断面構成により、それぞれの出来事が視覚的につながって見える。

下・右の写真は、屋外テラスの様子。メタルメッシュ越しに風と周囲の景色が入り込んでくる。
人々の活動面においても、空間的にも、都市と建築が混じり合い、今までにない開放感を実現している。

M5階テラス

2階テラス

5-4
環境のムラと開放性を併せ持つ一体空間
新宿御苑大温室　　　　　　　　　　　　　　　　　　　　　　　　　安原 幹

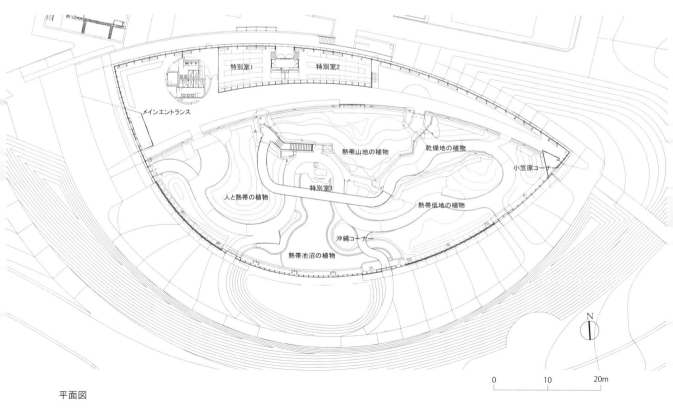

平面図

一体空間の中で微気候をコントロールする

一般に温室は、その地域には存在しない植物を育成するために、周囲の環境と隔離された特定の環境をつくり上げるものである。新宿御苑大温室も目的は同じであるが、室内環境のつくり方と、周辺環境との関係性がこれまでの温室とは違う考え方でつくられている。

ここでは、異なる地域の異なる環境が、一つの大空間の中に同時に存在する。テクノロジーが、均質空間ではなくムラのある環境を積極的につくり出すために使われている。人々は、植物のためにつくられた多様な環境を、移動しながら連続的に体験していく。

また、この大空間は周辺環境ともつながっており、夏季には積極的に御苑の中を吹き抜ける風を取り入れる。温室の動線はこの外気取入れ口を通じて外部へとつながっており、自由に出入りすることができる。

マイクロクライメイトづくり

温室内には、植生によって異なる「マイクロクライメイト」がつくり出されている。乾燥地植物エリアでは湿度がすっと下がり、高山植物エリアに入ると、クールチューブを経由した冷気により体感温度が下がる。それほど大きな建築ではないから、こうした異なる環境が実は、平面的に非常に近い位置関係に存在している。それらを、滑らかなレベル差と折りたたまれた動線によって、巧みに併存させている。人々は基本的には順路通りにワンウェイでこの建築を通り抜けていくのだが、しばらく滞在して館内を行ったり来たりしてみると、場所ごとの温湿度や天井高といった居心地の違いを身体で感じられるようになる。一体空間の中で環境のムラを意図的につくり出し、周辺環境との関係の中で制御する高度な技術は、他の用途の建築においても十分に活用できる可能性を秘めている。

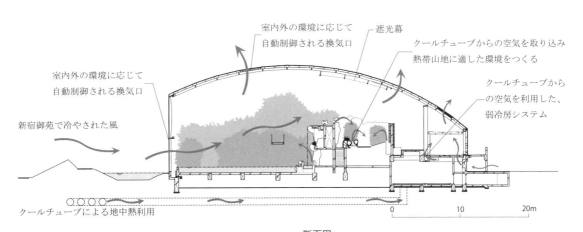

断面図

一室空間の中に、熱帯山地や熱帯低地、熱帯池沼、乾燥地といった異なる生態環境を、エリアごとに細かく再現している。

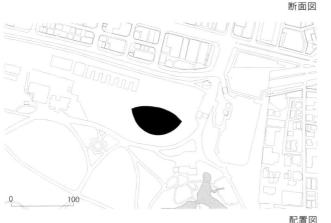

配置図

設　計：日本設計
竣　工：2013年
所在地：東京都新宿区
階　数：地上1階
構　造：鉄骨造
延床面積：15,400㎡

ガラス越しに御苑と連続する、熱帯池沼の植物ゾーン。夏季は開口をあけ、涼風を取り入れる

園路を曲がり乾燥地の植物ゾーンに至ると湿度が下がる

岩に囲まれた熱帯山地の植物ゾーン。冷気だまりをつくる

建物の外形は、外装表面積の最小化を目指して決定されている

マイクロクライメイトをつくり出す仕掛け

開閉するカーテンウォール、トップライトといった建築的要素、展示の中にカムフラージュされた冷気吹出し口やミスト発生装置等さまざまな仕掛けを駆使して、ムラのある環境をコントロールしている。

それらの仕掛けが季節や時間帯による外部環境の変動に合わせて制御され、動的な平衡状態を達成していることも特徴的である。

自然換気口（壁面）

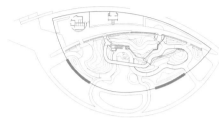

自然換気口（屋根面）

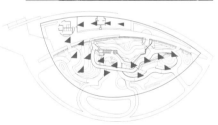

遮光用可動膜

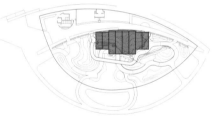

クールチューブ

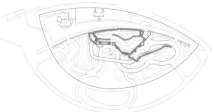

ミスト発生装置

5-5
外部環境を変換し現象させる箱
駿府教会 安原 幹

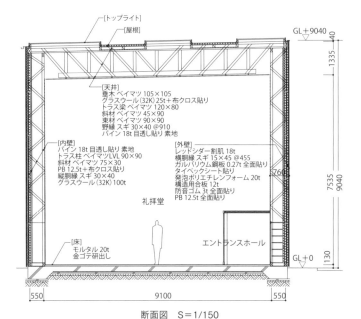

断面図　S＝1/150

設　　計：西沢大良建築設計事務所
竣　　工：2008年
所 在 地：静岡県静岡市
階　　数：地上2階
構　　造：木造
延床面積：313.20㎡

配置図

空間の閉じ方

環境に配慮すると、建築は外部環境に対して開放的になっていくケースが多い。一方で、空間を「いかに閉じるか」というテーマも存在する。駿府教会は、住宅地に立つ小さな木造教会である。設計者・西沢大良によると、鉄道踏切に隣接した立地条件とプロテスタント教会という用途から音の問題を考慮し、外部に対して閉じざるを得なかったという。外壁には開口部はなく、トップライトからのみ光を取り入れる。人工照明とマイクなしで礼拝を行うこと、すなわち光と音のコントロールに設計作業は集中されている。

断面図を見ると、屋根・壁ともに大きな厚みを持ち、何層にもわたる下地・仕上げ材のそれぞれに、内外の環境をコントロールするさまざまな役目が割り当てられている。遮音に関しては、電車の振動、踏切、自動車のクラクション等さまざまな音域の騒音測定を行い、RC造に匹敵する遮音性能を目指したという。礼拝中、踏切や車の音が聞こえないわけではないが、フィルターがかかった遠くの音として知覚され、ノイズというよりはむしろ心地良い環境音であるように感じられる。内部の音環境に関しては、牧師が聖書を朗読する声の明瞭度と、皆で賛美歌を歌う際の響きの両方を考慮して残響時間が調整されている。室内側仕上げのパイン材は、天井に近づくにつれ板と板の間隔を開け、ルーバー状に変化していく。上部域のルーバーの奥には吸音材が仕込まれ、下部の居住域は反射面となっているので、礼拝時、牧師の声は柔らかくかつ明瞭に聞き取ることができる。

壁面上部のルーバーは、そのまま天井に連続する。トップライトから落ちる光は18ミリ幅に割かれた極細のルーバーによって繊細に拡散され、内部空間に伝えられる。十分な高さを持つ内壁面が光をしっかり受け止めるため、室内が光のボリュームとして感じられ、かつその様相は時間とともにゆっくりと変化していく。7カ所あるトップライトは均質な光を得るためではなく、ルーバーの奥の構造体の見え方や、祭壇の明るさの時間的変化を考慮し、意図的にムラをつくるよう配置されている。

この小さな教会は、外部の環境情報を選択的に建築に入力し、その変化を知覚可能なかたちに変換して内部空間に現象させる。環境情報が限定されることで、人間の側の知覚もまた研ぎ澄まされ、音と光の変化に極めて敏感に反応するようになる。「閉じる」ことは必ずしも外部環境との断絶を意味するのではなく、むしろ、より緊密に接続することもできる。この建築はそんな可能性を示している。

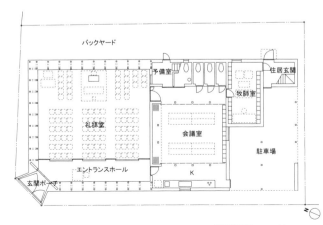

1階平面図　1/300

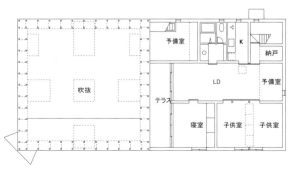

2階平面図　1/300

■礼拝堂内部で知覚される光の変容

　定点にビデオカメラを据え、礼拝堂内部の光の変化を記録した（撮影日は2013年9月27日）。
　左項は11時〜14時の3時間の変化を示す。
　太陽の位置が動くにつれ、ルーバー奥の木造フレームの見え方が変化していく。礼拝が終わる12時に祭壇に光が落ちるように、トップライトの形状が設計されている。

　右項は、10時23分から2分間の変化を撮影した動画からのキャプチャー画像である。
　雲の動きによって生じる太陽の微妙な翳りが、ルーバーを通して壁面に映し出される。外部空間においては感知できないような光の微細な変化が、この建築の内部空間では絶えず視覚化される。

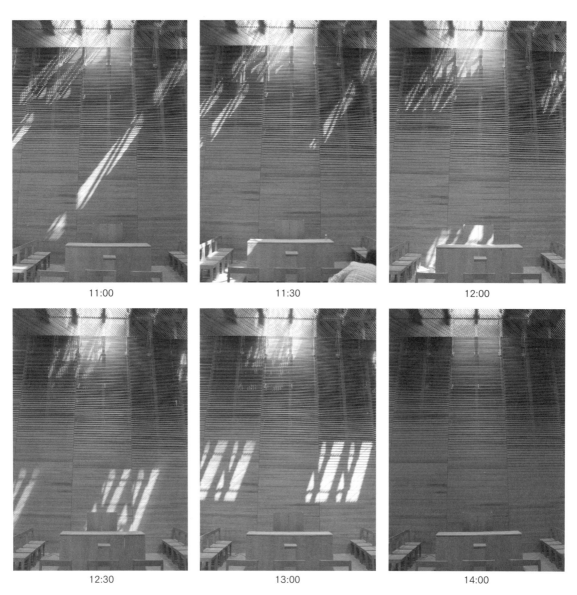

長時間（3時間）の自然光の変容

■木造建築のつくる環境の可能性

　在来木造でRC造同等の遮音性能、さらに吸音、採光等の性能を確保するに当たり、設計者は厚みのある壁と屋根の下地および仕上げ材の各層に、詳細に性能を割り振る手法を採っている。この厚みのある境界が内部空間に奥行きを与え、外部に対して閉じられているにもかかわらず、独特の開放感を持つ空間をつくり出している。

　「コンクリートの壁やスラブと異なり、木造建築のそれらは数多くの層を持っていて、かつドミナントなものがない。美観を担う外装材も含め、音、熱、光、雨、火といったさまざまな環境因子に対して性能を分担しながら壁体の構成を決めていくという在来木造の構成は、非常にユニークな環境のつくり方だと思う」（西沢）

短時間（2分間）の自然光の変容

付章

都市と建築をつくる職能の再構築

座談

都市と建築をつくる職能の再構築

大野二郎、今村創平、金子尚志、川島範久、高井啓明、田島泰、安原幹

　本書の執筆や編集を通して、「スマートシティ」がICT技術にとどまらず都市や建築の"デザイン"とどのように関係し、どのような可能性が見出せるかを探ってきた。まず「スマート技術」とは、エネルギーを効率よく使うための計測・定量化・制御に関する双方向の技術で、スマートグリッドという通信・制御機能を付加した電力網を語源としている。その技術がある広がりに埋め込まれ、点と面でのエネルギーの望ましい組合せが検討された上でそこに合ったエネルギーの使い方を実践し、さらにはその地域固有の再生可能エネルギー資源を発掘して使いこなしている場を「スマートシティ」と呼ぶ（第2章：2-5座談）とすれば、日本の現状は途上であると言わざるを得ない。

　本書では、スマートシティという命題が登場する以前から都市や建築の分野で実践されてきた環境配慮建築の系譜を復習することから始め、スマートシティという命題によって技術が向かうべき方向や期待される価値創造がどのようにシフトしようとしているのかを検証し、そのために整えられた制度、建築分野での試行、それを支援する環境計画のための技術の最先端などを探った。最後に、これらの考察を踏まえて、そこで起きている一見微細な建築のつくり方の変化に着目し、四つの建築作品を紹介している。

　この編集作業は過渡期の諸相に網を打つものであるから、その釣果は多様・多彩である。この現状を踏まえて、スマートシティ時代に都市や建築にかかわる職能が果たす役割や具体的な形態につながる可能性について、また、編集メンバーがスマートシティと正直に向き合った結果、紹介する実作が単体建築作品になったことの意味を議論したいという思いから、編集メンバーで座談会を行った。座談はまず章の編集責任者がその章での狙いと成果を概説し、それを足掛かりにして自由な議論を発展させた。

今村：第1章は、環境を考慮した計画や設計について、歴史的パースペクティブによるおさらいです。環境問題が強く意識されるようになったのはこの20年ですが、自然環境をうまく活用しようという試みは今に始まったことではありませんし、19世紀と20世紀にテクノロジーが何度か変貌したときに起きた事象から学ぶこともあります。また、一般にテクノロジーというものはその最先端のものばかりが注目されますが、新しい技術だけに価値があるのではありません。工学分野において、都市や建築は文化的な営みにかかわっており、たとえば、ローテクの伝統的な建築のほうが文化的価値を高く評価されることもあります。そうした側面を抜きにして、最先端の技術だけに価値を置くのでは偏りがあるでしょう。

　紙幅の関係から本書では概観しかできませんでしたが、この章だけで1冊の本が書けるくらいのテーマだと思います。

大野：私は第1章で、地球温暖化に対する日本の制度制定の過程や世界の動向をまとめています。IPCC（気候変動に関する政府間パネル）第五次報告（2014年）では、地球温暖化は人間活動が原因であり、生物棲息の危機が迫っていると指摘されています。また、欧米諸国では温暖化対策の実行に向けた制度化が進んでいると報じられています。日本は、2011年3月11日に起きた東日本大震災における

津波および原発事故への対応に追われて、地球温暖化への問題意識を忘れているように思われます。復旧・復興優先というのはよくわかりますが、海外ではこの2〜3年で相当レベルが上がっていて、確実に温暖化対策の成果が上がっています。わが国の温暖化対策の系譜を復習する章の締めが、日本における制度化の遅れを読者に訴える記述になってしまったのが残念ですが、エネルギー安全保障面からも、温暖化対策と建築性能向上および再生可能エネルギーの導入は不可欠です。

田島：第2章では、私が「スマートシティ」と言われている具体的なプロジェクトにかかわっている立場から、時代の宿命として求められている都市づくりの方向性を整理することから始めました。

現在の都市づくりの大きな流れの一つに、マネジメントを重視するという動きがあります。都市をつくる過程で、それを誰がどう使うのか、そのマネジメントを考えた上で、都市のかたちはどうあるべきかが計画の初期段階から問われるようになっています。これまでのように構想から次第に個別の技術分野に分化して深めていくという都市づくりではなく、構想と同時に使われ方を落とし込むことができるような仕組みが否応なしに求められているのです。たとえば、都心地区の再開発では、構想段階からCO_2をいくら削減するかが目標とされます。都市や建築にかかわるプロフェッションには、カーボンマイナスの目標達成と同時に都市の使われ方であるマネジメントも考えなければなりません。ですから、デベロッパーに加えて、エネルギー会社、通信事業者、セキュリティ会社やファイナンス等、多くの分野が構想の初期段階からかかわっていかないと対応できない時代になっているのです。

今村：さまざまな専門分野を統合する必要性は以前から説かれてきましたが、実際ここにきて、プロジェクトにかかわる分野の顔ぶれが明らかに変わってきていますね。

安原：分野横断的な知恵が集まることは、これからの都市や建築の計画にとってとても有益なことです。ただ、数値目標だけでなく、総体として目指すべき価値観や方向性を誰が指し示すのかが見えていない気がします。

田島：さまざまな技術分野の参画を可能にしている、中心にあるのがICT技術ですね。歴史的に見ると、自動車の発明が都市を変え、コンクリートや鉄が建築のかたちを変えてきたように、エポックメイキングな技術革新が都市や建築の姿やかたちを変えてきました。

しかし、スマートシティに関して言えば、エネルギーと通信に関する技術革新がめざましいにもかかわらず、都市や建築が具体的に変わったようには見えてこない。ICT技術による「見える化」で従来は見えなかったためにわからなかったこと、たとえば都市レベルでの熱や空気の流れが見えるようになってきました。それならば都市づくりの最初から制度も含めて合理的につくれないか、という検討が進められています。一方で、アムステルダムのような歴史的街並みが市をあげて「アムステルダム・スマートシティ事業」に取り組んでいるように、ICT技術は新たに都市をつくるとか再開発の場合にのみ使える技術ではなく、既存の市街地にもずっと乗ってくる技術であり、直接都市の形態の変化をもたらすものではないのです。つまり、ICT技術の本質は、都市や建築に直接的に働きかけるのではなく、人間の生活や行動に影響を与

えるものです。人間の行動選択のパターンが変わると、都市がどのように変わるかはその先に問われますが、まだ見えていません。

川島：新しい都市のかたちを描くことだけが都市計画ではなくなってきており、ICT技術と人間行動をつなげることがこれからの主題になっていくと思います。私がUCバークレーで客員研究員をしていたときに、サクラメントで開催されたBECCカンファレンス（Behavior, Energy & Climate Change Conference）に参加しましたが、そこでは工学の枠組みを超えて、社会学、心理学、政治経済と領域横断的に、ヒューマン・ビヘイビア（人間行動）による省エネルギーに関する議論が行われていました。複雑で、時に不合理にも見える人間行動を理解し、それに適切に働きかけ、行動変容を促すことができれば、ハードなものに投資するよりも少ないコストで省エネができる可能性があります。定量化の技術、つまりシミュレーション技術とその援用については第4章でまとめましたが、これからのシミュレーション技術の活用は人間行動をどう織り込んでいくかにかかっていると思います。

田島：シミュレーション技術に関して、都市づくりについても言えます。たとえば、地域によって、新しい価値を受け入れやすい地域か、これまでの価値を守ることを重視する地域かによって、都市づくりの方向は異なります。地域の抱える問題が感覚的にではなく数字や映像として示されることで、わが地域はどの価値をとるかという議論がしやすくなります。シミュレーション技術の発達は、一般市民が都市づくりに参加するハードルを下げていると思います。

川島：先日、ベトナムで設計活動をしている友人を訪ね、ホーチミンシティを訪れましたが、最近ベトナムでは、活発になってきた都市活動をさらに発展させようと、職住近接で混在していた都市構造を居住エリアとオフィスエリアに分離しようとしているようです。欧米や日本が辿ってきた段階を飛び越えてICT技術が登場してきた利点を活かすなら、職住近接のまま成長する方法を探るほうが魅力的な都市になる可能性があるように思います。遠距離通勤という行為が生まれて街にあふれているバイクがすべて自動車に置き換わったら、大変なことになります。そうした予見を定量化して皆が見えるようにすると、判断も違ってくるでしょうか。

大野：現在は過渡期だから、ICT技術と人の行為とのかかわりにおいてしか変化が見られないにしても、このたいへんな技術革新が建築表現として後世に残ってほしい、歴史的な技術革新と建築文化が無関係で終わるはずがないと思いたいのです。

高井：第3章ではまさにそこを探ろうとしたのです。建築エンジニアとして、建築がスマートシティとどんなかかわりが持てるのかを引き出そうとしました。建築単体の計画や設計においては、エネルギーをICT技術でとらえていく手法やその評価技術までは実用化できています。しかしながらICT技術が地域のかたち、デザインにまでかかわる例をまだ見出す段階には至っていません。ピーク電力やピークエネルギー消費量削減という目標については効果が出てきています。しかし、都市のエネルギー消費やCO_2排出量が総量として下がっているといった効果は見えていませんし、防災などに関しては、多くの提案や試みはなされていますが実用の途上にあるというところでしょうか。

大野：自然エネルギーをうまく使った都市づく

りという意識はあると思います。ドイツでは地域の気象条件の温度・湿度や日照時間、風向・風速を加味した都市計画としてのＦプラン作成が必要です。その後、地域計画および建築計画としてのＢプランが作成され専門家による評価を受けます。わが国でも、幅の広い幹線道路を風の通り道として活かすとか、地域の自然地形や植生や微気候を活かした都市デザインが可能になってきています。

高井：それは広義のスマートシティかもしれませんね。これまでも、通風や日照を意識した隣棟間隔といった計画手法はありましたよね。そうした計画手法とICT技術による計画手法は、どこが違ってくるのでしょう。

田島：横浜国立大学の佐土原先生の主催する研究会でお聞きした話ですが、臨海部の工業地帯の海への排熱が上昇気流をつくり、陸に風が届いていないことが示されました。陸側の都市に風が流れ込むようにするためにも、排熱利用を進めることが重要です。また、これまで公園の配置計画は規模ごとに決められた誘致距離で分散配置されてきましたが、生物多様性や風の道をつくる観点から、ネットワーク型で配置する考え方もあります。日影は目に見えるので、日照権の問題から日影規制が制度化されました。しかし、風向の変化や熱の動きは目には見えない。感覚的にうっすらと感じていたことがICT技術で見えるようになるとわかる。それが今後、土地利用制度や規制につながるということは十分に考えられます。

高井：そのためにも、ビッグデータの活用、オープンデータということが言われ始めていますね。

今村：単体建築では総量としての効果が見られるようになったが都市ではまだ…というのは、何が問題なのでしょう。規模やスケールの他に、都市だと何が違うのでしょうか？

高井：エネルギー需給や防災といったことを建築サイドで本気でやろうとしても、どうしても敷地境界を越えられない。単体建築の計画者は、今までは境界外の法律や契約、エネルギー需給の制約などから踏み込めないといったもどかしさがありました。

川島：先ほど「広義のスマートシティ」というお話がありました。私は、外部環境を思いっきり取り込むことを、「ど・パッシブ」と呼んでいるのですが（笑）、スマートシティに向けて現段階で建築にまずできることは、その「ど・パッシブ」だと考えています。ICT技術を使わずとも、24時間365日勝手に「変化」してくれる自然の光・熱・風を適切にうまく取り入れれば、人間はその自然の変化に気づき、行動が変わります。第5章「宇土小学校」の窓開け当番はその良い例です。その次の段階として、ICT技術を使ってセンシング・通知・制御を行い、人間がその「変化」を使いこなせるようにサポートしていく。第4章で紹介したシミュレーション技術はそこにも活かされていく可能性があると思っています。

結論が先になってしまいましたが、第4章ではまず、熱環境・気流・光環境・ヒートアイランド・交通・都市モデルの解析がどのようになされてきたのかを概説し、その解析技術が現段階でどのように運用、援用されているかを紹介しています。建築におけるシミュレーション技術は、ある閉鎖系の環境を対象に解析することから始まりました。そこから次第に開放系になっていき、外部・都市を取り込んで、総体を解析する技術へと進化し、現在では人間行動も解析に取り込む

ようになっています。この章の執筆をお願いしたとき、先生方は異口同音に、シミュレーション技術は問題の後追いには強いがこれで設計できるというものではない、と言われました。逆に言えば、シミュレーション技術の変遷は、都市・建築における問題意識の変化を表しているとも言えます。また、開放系の解析を活かして「ど・パッシブ」を根拠づけ、人間行動を取り込んだ解析によって、建築設計を変えていく可能性を持っていると思います。

高井：第4章を読んで、個々の専門分野でシミュレーション技術の精度がどんどん上がってきたことがわかりました。しかし協働するということを考えると、技術がモザイク状、つまり精度が高くてもそれらの技術が分散している状態では、建築を計画・設計するときに活かしきれないと思います。

川島：さまざまな分野のシミュレーション技術を統合できる人が必要、ということですね。

今村：さまざまな、しかも精度の高いシミュレーション技術があることはわかりましたが、一部の専門家だけではなく普通の建築家にも使える技術なのでしょうか？

田島：この本の中でも原単位をどうすべきかを論点とされていた先生がいましたが、私もその点は重要だと思っています。データを集めた上で、それを都市づくりにかかわる専門家が使えるようにするためには、都市づくりに結びつく原単位になっていなければなりません。使いやすい原単位は共通のプラットホームになりますから。

川島：シミュレーションがもっと一般の設計者が使用できるものになっていく必要があります。操作性におけるハードルを下げることもありますが、もっとオープンソース化が進む必要があると思います。

安原：シミュレーションに限らず、たとえばボーリング調査の結果などは新築件数と同じだけあるのに共有できないでしょう。建築工事だけでなく防災上も有用なたいへんなビッグデータなのに、アクセスできない、活かせない。ICT技術の前に制度の問題だと思いますが、ビッグデータをオープンソースにしていくことがスマートシティには不可欠だと思います。

金子：設計者がほしいのは、「当たりをつける」ための技術ですよね。スタディ模型をつくるような手軽さでシミュレーションできるとありがたいし、その段階での精度はそこそこでいい。ざっくりしたモデルでシミュレーションを繰り返し、ある程度計画が固まってから精度の高いシミュレーションをすればいいわけだから…。

安原：そう。道筋をつけられる程度のシミュレーション技術が設計者にあれば、設計の仕方は変わると思います。

今村：それは助かりますね。でも後追いが悪いわけではない。検証することは大切です。

川島：既存の都市に乗せていくためにも、後追いの検証は重要になってきます。すでに建っている建物が適切に運用されているか解析し、運用改善をしていく、といったコミッショニングにもシミュレーション技術は利用されています。

安原：そこで実際の事例を見る…ということになるのですが、第5章の事例選びには苦戦しました。スマートシティや環境建築の最新型を丹念に見ていっても、いま一つ新しい方向性は感じられない。田島さんが、ICT技術は人間行動に影響を与えるのであって都市や建築の形態には直接影響しない、とおっしゃいましたが、現時点ではその段階なのでしょう。しかしそこで諦めるのではなく、人間行動を織

り込んだ上で、これからの時代に必要とされる空間を先回りして提示するのが、スマートシティ時代の建築家のプロフェッションだと思います。最終的には、人と環境と建築の関係の中で、新しい出来事が起こっていると感じられる事例を選びました。スマートシティを論点とした本書で、単体の建築事例しか取り上げていないことに違和感を感じられるかもしれませんが、現時点での成果として、私はむしろポジティブな印象を持っています。人間行動を積極的に設計に取り込んだこれらの事例を通して、都市と建築が制度的な垣根を越えてシームレスにつながっていく可能性を感じます。

もう一つの重要なテーマは、多様なムラを許容する空間をいかに計画できるかということです。これまでのサステナブル建築の試みは、近代建築の志向した均質空間の範疇で展開されてきたという印象があります。取り上げた4作品は、人間行動の関与を織り込みながらムラのある環境をポジティブにつくっている。環境技術を盛大に盛り込んだ建築であっても、人間の適応力を信頼していないままつくられる建築は、均質化の方向に向かいます。標準的な人間に標準的な快適さを用意するといった従来の方向性は、まず「スマート」ではない。

今村：標準的な人間をターゲットにしないで、ムラを許容するということですね。

川島：ムラになってしまったというのではなく、ムラを計画するというのが大きな違いです。ムラの状態をわかるようにして使いこなせばいい。

大野：現代人はムラがわからなくなっていませんかね。自然とともに生きていた人間なら生き物として備わっていた能力なのに。

金子：身体感覚が鈍くなっていますよね。ムラの状態をコントロールできるシミュレーション技術や環境技術は進化しているのに、ムラを感じ取る人間の感度が後退していてはせっかくの技術が活きてきません。人の行動、ライフスタイルに働きかけるシミュレーション技術やICT技術、そして環境の差異の発見が人を活動的にするようなことがあるといいのではないかと思います。

高井：そこまで身体感覚が鋭敏でなくても、都市や建築を使う側の意識、参画というのはスマートシティにとって重要なファクターだと思います。本書をまとめる作業を通して、スマートシティに関して都市や建築をつくる専門職や研究者、行政、企業の取組みは見えてきましたが、市民やNPOなど、都市を使う側の意識の高まりからルールができて都市が変わるという切り口に、今回あまり触れられなかったように思うのですが、皆さんはいかがですか？

今村：現在の日本の自治体には余力がなく、大きいビジョンを描くことを期待できません。ブルームバーグ市長の任期中にニューヨークが大きく変わったといわれていますが、変革を実行したのはNPO法人などの民間が主体だったそうです。

日本で市民の参画を促すには何をするべきでしょうか。サステナビリティに対する倫理的な認知は得られていますから、スタートラインには立てているはずです。市民にサステナビリティの評価といった客観性を示すことが行動につながっていくのでしょうか。

田島：市民参画は、自治体レベルで進んでいます。また、「柏の葉」での取組みなど、公民学連携によって、より多くのステークホルダー（利害関係者）を集めた都市づくりのチャレンジも行われています。サステナビリティの評価は、間接的な便益まで含めて評価し、その価値が認識さ

付章　都市と建築をつくる職能の再構築

れないと、なかなか事業として前に進んでいかないでしょう。

高井：「公」と「私」の中間にあるであろう「共」が表に出てこないと、単体建物は、敷地境界線を越えられないと思います。市民の具体的な変化はそこからでしょう。都市と建築のインテグレーターが必要です。

安原：敷地を越える公共性ですね。そこで闘っている建築設計者も多いはずですが、広域的なインパクトを与えるには至っていないことが多い。都市と建築、それぞれの専門家が相互に分野を横断しながら仕事をするという意識をもっと持てば、状況は変わっていくと思います。エンドユーザーが人間であるという意味では両者は本来連続しているものなのですから。

金子：都市と建築をつなぐ、敷地を越える公共性という点では、建築の「外部空間」が重要ではないかと思います。V.オルゲーは1963年に書いた「Design with climate」の中で、室内環境を整える段階について、まず微気候によって、次に建築的工夫、最後に設備機器で補う、というようなことを書いています。敷地──建ぺい率分は外部空間ができるわけですが、内部空間に貢献するだけでなく、都市へ積極的に働きかける外部空間となるような意識が必要なのではないでしょうか。まとまった公共空間も重要ですが、一つ一つの建築が持つ空地の公共への寄添い方も重要でしょう。

大野：ここまで話してきて、スマートシティの時代と言われるようになって久しいですが、環境建築デザイン設計者のスタートラインは日射・通風・断熱などの「ど・パッシブ」であり、都市や建築のかたちより前に人間の振舞いを注視することが重要だという点は、建築設計の作法通りという感じです。ただ、標準化や均質化を目指すのではなく、多くの人と共有する場で個々人なりに異なる居心地の良さが成立するように、環境建築デザインを多様に展開するというベクトルは新しい視点でしょう。昔からそうならいいねと言いつつ、最初からあきらめていた価値だったのかもしれません。他者と共有する場では誰もが少しずつ譲り合うものですが、我慢はしなくていい。そういう居心地の良い関係の成立する建築が低エネルギーや低炭素につながる、という視点は重要なことで、無駄をしないで共に使い合うことを再発見することになりました。

この変化はすぐさま都市や建築のかたち、デザインに現れるものではないようですが、地道に追いかけていくしかないのでしょう。しかしながら、化石燃料の大量消費で成立してきた現代建築が地球を破壊しかねない状況から、再び希望が持てる環境建築デザインへと昇華する時代はすでに始まっています。READ憲章（建築とデザインのための再生可能エネルギー利用/1996年）で、トーマス・ヘルツォークは「建物の基本性能であるシェルターの機能と快適性を再確認し、エコロジカルな意味で持続可能であるようにエネルギーの使用を考えること。それがこの時代の建築家の社会的役割とされるようになった。そして環境が持つエネルギーを新たに解釈し直し、環境エネルギーの活用を図ることが野心的な新しい建築コンセプトを創造しうることが明らかになってきた」と述べています。READのメンバーであるリチャード・ロジャース、ノーマン・フォスター、レンゾ・ピアノらのその後の建築デザインは、めざましいものがあります。現在では、エネルギーとICT技術を利用したスマートシティ時代のサステナブル都市・

建築デザインで多様な展開を推進したいと思います。建築家は新たな技術といにしえの知恵を活用して、都市計画部門や環境エネルギー部門と協働して、「サステナブル建築デザイン」のあり方を追求し表現していきたいと思います。

　　　　（2014年3月6日　彰国社会議室にて収録）

個人が発信する都市コンセンサスへの期待感
——あとがきに代えて

東京工業大学教授　安田 幸一

　先日、本書の原稿を通読しているさなか、上海へ行く用事があった。ハイウェイで空港から街中へ入る途中、タクシーの車窓から無数の超高層アパートが乱立しているいつもの風景が目に入ってきた。いつもと変わらない現代都市の景色である。エアコンが美しくないなぁと思いながら、「ところでいったい世界にはどれくらいの数のエアコンがあるんだろう…」という疑問が頭に浮かんだ。アパートのほとんどの窓の脇には例外なくエアコンの室外機がぶら下がっていて、それも統一されていない機種がバラバラな位置にくっついている。本書を読んでいるため、環境に対しての神経が敏感になっていたのだろうか。日常の景色の中ですでに無意識になっている事象、あるいは主に経済的には他の方法がないので「しょうがない」とあきらめていることが、こと環境についてはあまりにも多いのではないかと改めて感じた。早速ネットで世界市場調査*を調べてみると、2011年の世界でのエアコンの生産量は約1億5,000万台、2016年には2億台に達すると見込まれている。特に中国市場は大きく、世界全体需要の50%を占めているという。また、インドでの需要の伸びは前年比38.4%増と急拡大しているという。おそらく世界の数十億のエアコンが都市を暖めているのか、などと妄想をしている自分も「意識」した。都市的スケールで環境を考えようとする個人の意識の問題なのである。エアコンは世界中どこでも流通しており、機器の設置の容易さ、操作の単純さ、そして何より最も安価な、至上最強空調マシンである。エアコンを淘汰するライバルが早く登場してほしい。しかしそれには超えねばならないハードルが幾重にもある。エアコンを採用しないためには多くの苦労があるのはわかっていながら、別の方法を探る気力があるかが鍵になる。目の前にある単体の手軽さからくる環境総体を想像し、個人の重い腰を上げるというバランスが成立するときが「スマートシティ」時代の到来なのであろう。

　地球環境のことを考える際にいつも頭に浮かぶのは、「捕鯨」のことである。日本は太古から続いてきた自らの食文化を継承することに錦の御旗を見出そうとするが、異文化の人々からは当然認められない。しかし意見が平行線のままでは誰も生きていけない時代になってきている。「宇宙船地球号」内での異文化の人間同士

の距離がさまざまな意味においてどんどん縮まっているため、今後ますます紛争は増加するはずである。郊外型オフィスで、窓が手動で開けられる自然換気は「環境に良い建築」のレッテルを貼られる。しかしそのオフィスで1人でも何らかの事情で窓を開けたくない場合は、他の何十人の人は、窓を開けたくても開けられない。このような小さい単位でさえも、個と個ではコンフリクトが発生し、全員のコンセンサスを獲得すること、つまり都市的には「宇宙船地球号」内での意思統一はとても難しい。大規模建築や都市においてはコンセンサスの獲得がキーワードとなる。窓の開閉の判断は、センサーが自動制御することによってコンフリクトをなくそうと試みる。そのセンサーを設定するのは、全体を想像する個である。個が全体のコンセンサスを誘導する。強権を発動するボスがいる場合は、ボスの判断で開ける。たとえ個人の心の中でコンフリクトが生じたとしても、信頼するボスのやることだからと許すわけである。すなわち環境をコントロールする場合、状況を想像する個人が、結果として納得感のあるコンセンサスを皆でいかに共有できるかを掌握する力に依存する。

　都市スケールでの政策の成功例は、ノルウェーのフィヨルドの海に面したオースレンという街である。小さな漁村オースレンは、1904年の大火で街の大半が焼失し、寒い1月に1万人が焼け出された。ところがこの小さな村が突拍子もない政策を掲げ、街を復興させたのである。それは、新しく建てるすべての建築をアールヌーボー様式として、街区のコーナーの建物は延焼を防ぐため耐火構造とするなどの政策を制定して、色とりどりの美しい街をつくり上げたのである。市民のコンセンサスがどのように得られたのかは想像できない。誰か個人が言い出して、誰かが賛同し、あるとき皆のコンセンサスを得たことに間違いはないのだが、そのプロセスはわからない。勇気を持って決意されたときは、皆の心の中では一種の賭けであったように想像できる。しかし結果として、この美しい小さな街は、現在多くの観光客が押し寄せる一大名所となっている。

　本書の中でスマートシティ時代の重要なキーワードが数多くあげられ、多方面からの検証が可能な視座を与えてくれる。「均質／

ノルウェー・オースレンの街並み　　ヒューマンスケールの水路と街並み

ムラ」「標準化／多様化」「環境の見える化」等は、20世紀にたとえばモダニズム精神で主に個が追い求めてきたものを再読し、新しい価値を見出そうとするものであり、さらに個と集合の関係を整理することがスマートシティ時代の難問を解く鍵となる。

「廊下から道路へ連続的につながる」という考え方は、個としての建築の単体と総体である都市、まちづくりを同じ認識の上に立脚する新しい考え方であり、途切れない連続性の高い空間を示唆する新しい視点を与えてくれた。新しい空間や快適で安全な都市像を発案する良いキーワードとなりうる。また、「環境防災」を考えた「政策立案」「法整備」等は、アイデアを具現化するための、特に日本での、必須要件であろう。環境にやさしい技術を導入する場合、通常ではイニシャルコストは上昇し、原価消却期間が必然的に長くなる。その消却を少しでも軽減するような大きな初期投資に対し、政府等自治体が指導し、投資が行われることが肝要である。東日本大震災後の脱原発政策についての見通しが悪くなってきたが、間違いなく、代替エネルギーを長期的視野に立って立案することが必須である。火山国である日本が地熱発電所を建設できない理由が、国立公園内での開発規制にあり、自然景観を守るべくしてつくられた自然公園法等が逆に足かせとなっている状況だと聞く。多くの場合、発電所設置可能地域は国立公園の特別保護地域に含まれ、現在の法律下では公園内に地熱発電所を建設することは不可能に近い残念な状況にある。景観上、あるいは環境的な配慮のもと、自然とともに歩む新しい発電所を考える時代に突入していることを改めて考える必要があるのだ。

建築での視覚的な支配がいまだに根強い建築空間において、体感としての空間評価軸を模索する意味で、日本建築学会のサステナブル建築モデルデザイン小委員会とサステナブル建築検討デザイン小委員会において、抽象的な空間でいかに体感を想像して共有感を持てるかという議論を4年にわたって行ってきた。つまり、それらは環境時代へ対応する体力アップのプラクティスであった。単体での人間の感覚とそれが積み上がって都市総体になったときのコンセンサスを確立する方法と、人間行動を加味した強い個のアイデアからの発信が相まって、今後のスマートシティ時代につながってくると期待されるのである。

＊富士経済「主要家電の世界市場を調査」による。ちなみに日本は省エネ空調の人気も高まっているが、3％の微増にとどまっている。

写真・図版提供

序　章：図1〜3点 大野二郎

第1章：1-1；図2〜6 今村創平／1-3；図4 大野二郎

第2章：2-1〜2-3；図12点すべて田島泰

第3章：3-1；図1・3〜4 太田浩史／3-2-1；図1〜5 佐土原聡／3-2-3；図1〜4・表1〜2 浅見泰司／3-2-4；図1 垣田淳、図2〜4 宮﨑貴士／3-2-5；図1〜8 梅野圭介／3-3-1；表1〜2・図1〜2 前真之、図3 DOE,"Benefit of Demand Response in Electricity Markets and Recommendations for Achieving Them", 2006年2月より作成、図4 FERC（2011）Assessment of Demand Response & Advanced Meteringより作成／3-3-2；図1〜7 世利公一／3-3-3；図1〜4・表1 横浜市／3-3-4；図1〜5・表1 北九州市

第4章：4-1；図2 撮影＝山岸剛、図5 撮影＝鈴木豊、図6 日建設計、図7〜11・13 川島範久、図12撮影＝緒方洋平／4-2-1；図1・2（a）・図3・図4（a）・図5（a）（b）永田明寛／4-2-2；図1〜2 大岡龍三、図5 大林組／4-2-3；図2・4〜7 中村芳樹、図3 REALAPS（㈱ビジュアル・テクノロジー社）を使って作成／4-2-4；図1〜8 梅干野晁／4-2-5；表1〜5 中村文彦／4-2-6；図1・5・6 大澤仁、図3『成長の限界―ローマ・クラブ「人類の危機」レポート』より作成

第5章：特記のないものはすべて安原幹　5-2；1階平面図・2階平面図・部分詳細図 Cat／5-3；p168 下の写真 撮影＝新建築写真部、断面図・各階平面図 妹島和世建築設計事務所／5-4；平面図・断面図・p175の図版5点 日本設計、p174 左下全景写真　403新宿ギャラリー／5-5；断面図・1階平面図・2階平面図 西沢大良建築設計事務所　事例調査および図版作成；東京理科大学安原研究室（西田幸平、村松佑樹、安田智彦、山本大地）

あとがきに代えて：2点とも 安田幸一

著者略歴

編者

大野二郎（おおの　じろう）
1948年生まれ
日本大学理工学部建築学科卒業
日本大学大学院修士課程修了後、
1974〜2012年（株）日本設計
現在、（株）日本設計 環境創造マネジメントセンター（CEDeMa）シニアアドバイザー

金子尚志（かねこ　なおし）
1967年生まれ
東洋大学工学部建築学科卒業
建設会社建築設計部勤務を経て、神戸芸術工科大学大学院修士課程修了後、K＋建築設計事務所主宰、神戸芸術工科大学芸術工学研究所特別研究員を経て、
2006年〜（株）エステック計画研究所
現在、（株）エステック計画研究所 取締役

髙井啓明（たかい　ひろあき）
1958年生まれ
早稲田大学理工学部建築学科卒業
早稲田大学大学院修士課程修了後、
1982年〜（株）竹中工務店
現在、（株）竹中工務店 設計本部 環境・設備担当専門役

今村創平（いまむら　そうへい）
1966年生まれ
早稲田大学理工学部建築学科卒業
AAスクール、長谷川逸子・建築計画工房（株）を経て、
2002年〜（有）アトリエ・イマム主宰
現在、千葉工業大学 工学部建築都市環境学科 准教授

川島範久（かわしま　のりひさ）
1982年生まれ
東京大学工学部建築学科卒業
東京大学大学院修士課程修了後、
2007〜2014年（株）日建設計
2012年 カリフォルニア大学バークレー校 客員研究員
2013年〜 ARTENVARCH一級建築士事務所 共同主宰
現在、東京工業大学大学院 建築学専攻 助教

田島泰（たじま　やすし）
1959年生まれ
東京大学工学部建築学科卒業
（株）大高建築設計事務所を経て、（株）田島都市建築研究所を設立後、
2005年〜（株）日本設計
現在、（株）日本設計 執行役員 都市計画群長、スマートシティ計画室長

安原幹（やすはら　もとき）
1972年生まれ
東京大学工学部建築学科卒業
東京大学大学院修士課程修了後、（株）山本理顕設計工場を経て、
2008年〜（株）SALHAUS 共同主宰
現在、東京理科大学 理工学部建築学科 准教授

執筆者（執筆順）

小玉祐一郎（こだま　ゆういちろう）
1946年生まれ
東京工業大学工学部建築学科卒業
東京工業大学博士課程修了後、建設省建築研究所を経て、
1998年〜 神戸芸術工科大学、（株）エステック計画研究所
現在、神戸芸術工科大学 デザイン学部 環境・建築デザイン学科 教授、（株）エステック計画研究所 取締役所長

山田雅夫（やまだ　まさお）
1951年生まれ
東京大学工学部都市工学科卒業
（株）大高建築設計事務所、計画連合、慶應義塾大学大学院政策・メディア研究科准教授を経て、
現在、（有）山田雅夫都市設計ネットワーク代表取締役、大学共同利用機関法人自然科学研究機構 核融合科学研究所 客員教授

小澤一郎（おざわ　いちろう）
1945年生まれ
東京大学工学部都市工学科卒業
1968〜1999年 建設省
都市基盤整備公団理事、早稲田大学理工学部総研客員教授、（社）日本都市計画学会副会長等を経て、
現在、（財）都市づくりパブリックデザインセンター 理事長

長谷川隆三（はせがわ　りゅうぞう）
1974年生まれ
東北芸術工科大学大学院芸術工学研究科修了後、（株）エックス都市研究所を経て、
2014年〜（株）フロントヤード
現在、（株）フロントヤード 代表取締役

石川道雄（いしかわ　みちお）
1955年生まれ
中央大学工学部電気工学科卒業
エンジニアリング会社勤務を経て、
現在、（株）キュービックエスコンサルティング 水環境技術部主幹 水環境エネルギー担当

須永大介（すなが　だいすけ）
1973年生まれ
東京大学工学部都市工学科卒業
1997年〜（一財）計量計画研究所
現在、（一財）計量計画研究所 都市交通研究室 兼交通まちづくり研究室 室長

太田浩史（おおた　ひろし）
1968年生まれ
東京大学工学部建築学科卒業
東京大学大学院修士課程修了後、東京大学生産技術研究所助手を経て、
2000年〜 デザインヌーブ一級建築士事務所（現在は（株）デザインヌーブに改組）共同主宰
現在、東京大学 生産技術研究所 講師

佐土原聡（さどはら　さとる）
1958年生まれ
早稲田大学理工学部建築学科卒業
早稲田大学大学院修士課程修了、博士課程満期退学後、早稲田大学理工学部助手、理工学研究所特別研究員を経て、
1989年〜 横浜国立大学
現在、横浜国立大学大学院 都市イノベーション研究院 教授、東京大学 空間情報科学研究センター 客員教授

岩村和夫（いわむら　かずお）
1948年生まれ
早稲田大学理工学部建築学科卒業
早稲田大学大学院修士課程修了後、フランス政府外務省給費研究生として渡仏、海外での設計事務所勤務を経て、1976年 建築都市設計同人AG5をドイツにて設立後、
1980年～ 岩村アトリエを東京に設立
1998～2009年 武蔵工業大学（現、東京都市大学）環境情報学部・同大学院 教授
2009～2014年 東京都市大学 都市生活学部 教授
現在、東京都市大学名誉教授、（株）岩村アトリエ代表取締役

浅見泰司（あさみ　やすし）
1960年生まれ
東京大学工学部都市工学科卒業
東京大学大学院修士課程修了、ペンシルヴァニア大学博士課程修了後、
1987年～東京大学
現在、東京大学大学院 都市工学専攻 教授

垣田淳（かきた　じゅん）
1978年生まれ
北海道大学工学部建築学科卒業
北海道大学大学院修士課程修了後、
2005年～（株）竹中工務店
2012年～ 北海道大学非常勤講師
現在、（株）竹中工務店 東京本店 設計部 設計担当

宮﨑貴士（みやざき　たかし）
1979年生まれ
名古屋大学工学部社会環境工学科卒業
名古屋大学大学院博士前期課程修了後、
2004年～（株）竹中工務店
現在、（株）竹中工務店 名古屋支店 設計部 設備主任

梅野圭介（うめの　けいすけ）
1972年生まれ
東京工業大学工学部建築学科卒業
東京工業大学大学院修士課程修了後、
1997年～（株）竹中工務店
現在、（株）竹中工務店 東京本店 設計部 課長

前真之（まえ　まさゆき）
1975年生まれ
東京大学工学部建築学科卒業
東京大学大学院博士課程修了後、独立行政法人日本学術振興会特別研究員、独立行政法人建築研究所研究員、東京大学寄付講座客員助教授を経て、
2008年～ 東京大学大学院 建築学専攻 准教授

世利公一（せり　こういち）
1975年生まれ
九州大学工学部建築学科卒業
九州大学大学院修士課程修了後、
2001年～（株）竹中工務店
現在、（株）竹中工務店 大阪本店 設計部

信時正人（のぶとき　まさと）
1956年生まれ
東京大学工学部都市工学科卒業
三菱商事（株）、東京大学大学院 新領域創成科学研究科 特任教授等を経て、
2007年～ 横浜市
現在、横浜市 温暖化対策統括本部 環境未来都市推進担当理事

松岡俊和（まつおか　としかず）
1954年生まれ
九州工業大学工学部環境工学科卒業
九州工業大学大学院修士課程修了後、
1981年～ 北九州市役所
環境庁出向を経て、
現在、北九州市環境局長

永田明寛（ながた　あきひろ）
1964年生まれ
東京大学工学部建築学科卒業
東京大学大学院修士課程修了後、東京大学助手を経て、
1998年～ 東京都立大学（現、首都大学東京）
現在、首都大学東京 都市環境学部 建築都市コース 教授

大岡龍三（おおおか　りょうぞう）
1965年生まれ
京都大学工学部建築学科卒業
京都大学大学院修士課程修了、東京大学大学院博士課程退学後、東京大学生産技術研究所、福井大学を経て、
2001年～ 東京大学生産技術研究所
現在、東京大学 生産技術研究所 教授

中村芳樹（なかむら　よしき）
1956年生まれ
大阪大学工学部建築工学科卒業
建設会社勤務を経て、東京工業大学大学院修士課程修了後、
1986年～ 東京工業大学
現在、東京工業大学大学院 人間環境システム専攻 准教授

梅干野晃（ほやの　あきら）
1948年生まれ
東京工業大学工学部建築学科卒業
東京工業大学大学院博士課程修了後、九州大学、東京工業大学を経て、
2012年～ 放送大学
現在、東京工業大学名誉教授、放送大学教授

中村文彦（なかむら　ふみひこ）
1962年生まれ
東京大学工学部都市工学科卒業
東京大学大学院修士課程修了、博士課程中途退学後、東京大学助手、アジア工科大学大学院助教授を経て、
1995年～ 横浜国立大学
現在、横浜国立大学大学院 都市イノベーション研究院 教授

大澤仁（おおさわ　ひとし）
1957年生まれ
北海道大学大学院修士課程修了後、
1982年～（株）日建設計
現在、（株）日建設計 プロジェクト開発部門 計画部 主管

安田幸一（やすだ　こういち）
1958年生まれ
東京工業大学工学部建築学科卒業
東京工業大学大学院修士課程修了後、
1983～2002年（株）日建設計
2002年～（有）安田アトリエ主宰
現在、東京工業大学大学院 建築学専攻 教授

スマートシティ時代のサステナブル都市・建築デザイン

2015年1月10日　第 1 版　発　行

著作権者との協定により検印省略	編者　日　本　建　築　学　会 発行者　下　　出　　雅　　徳 発行所　株式会社　彰　国　社

自然科学書協会会員
工学書協会会員

Printed in Japan

Ⓒ日本建築学会　2015年

ISBN 978-4-395-32031-8　C3052

162-0067　東京都新宿区富久町8-21
電話　03-3359-3231（大代表）
振替口座　00160-2-173401

印刷：三美印刷　製本：ブロケード

http://www.shokokusha.co.jp

本書の内容の一部あるいは全部を、無断で複写（コピー）、複製、および磁気または光記録媒体等への入力を禁止します。許諾については小社あてご照会ください。